U0253612

国家社会科学基金重大项目"习近平总书记关于贫困治理的思想和实践研究"批准号：19ZDA001

PHILOSOPHY

人民日报学术文库

新时代生态文明建设理论与实践研究

韩广富　陈鹏｜著

人民日报出版社

北京

图书在版编目（CIP）数据

新时代生态文明建设理论与实践研究／韩广富，陈鹏著．—北京：人民日报出版社，2023.11

ISBN 978‐7‐5115‐8049‐8

Ⅰ.①新⋯　Ⅱ.①韩⋯　②陈⋯　Ⅲ.①生态环境建设—研究—中国　Ⅳ.①X321.2

中国国家版本馆 CIP 数据核字（2023）第 202986 号

书　　　名：	新时代生态文明建设理论与实践研究
	XINSHIDAI SHENGTAI WENMING JIANSHE LILUN YU SHIJIAN YANJIU
作　　　者：	韩广富　陈　鹏

出 版 人：刘华新
责任编辑：马苏娜

出版发行：人民日报出版社
社　　　址：北京金台西路 2 号
邮政编码：100733
发行热线：（010）65369509　65369527　65369846　65369512
邮购热线：（010）65369530　65363527
编辑热线：（010）65369518
网　　　址：www.peopledailypress.com
经　　　销：新华书店
印　　　刷：三河市华东印刷有限公司
法律顾问：北京科宇律师事务所　　（010）83622312

开　　　本：710mm×1000mm　1/16
字　　　数：186 千字
印　　　张：15
版次印次：2024 年 1 月第 1 版　　2024 年 1 月第 1 次印刷

书　　　号：ISBN 978‐7‐5115‐8049‐8
定　　　价：95.00 元

序

　　建设生态文明，是中华民族永续发展的千年大计，事关人民福祉，关乎民族未来，功在当代，利在千秋。生态兴则文明兴，生态衰则文明衰，生态环境变化关乎文明的历史兴替，古今中外无数的实例证明了这一论断。历史上的四大文明古国均发源于土地肥沃、资源丰富、环境优美的地区，哺育出灿烂悠久的人类文明；而两河流域文明等的衰落消亡，都与人为的过度开垦所导致的生态环境恶化密切相关。

　　纵观世界文明发展史，人类社会先后经历了原始文明、农业文明、工业文明，这三次重大文明形态转型看似深化了人与自然之间的联系，实际上也导致了人对自然过度索要、予取予求，使得文明发展与自然规律渐行渐离。

　　在工业化进程中，世界范围内曾发生过大量破坏自然资源和生态环境的事件，导致全球性生态危机的出现。生态危机迫使人类向一种新的文明形态转变，这种转变必须是质变，才能使人类彻底摆脱生态危机，由此生态文明应运而生，成为有效破解资源环境与经济发展问题的时代抉择。生态文明虽来源于工业文明，是工业文明发展到一定阶段的产物，但历史证明生态环境问题并不单独存在于某个历史时期，而是影响整个人类文明兴衰成败的关键因素。因此，生态文明的产生不单单是为了应对工业文明中出现的生态危机，而是整个人类文明发展的必然趋势。

生态文明的出现符合人类社会发展规律和自然规律。由工业文明向生态文明转型，不仅满足人们向往美好生态环境的主观要求，也符合社会生产力与生产关系矛盾运动的客观规律。工业文明生产方式片面追求生产力的最大化，忽视了自然资源的供给能力，也忽视了其作为自然价值的存在，导致自然条件受损、自然资源供应不足，对人类生存和发展形成巨大限制。因此，继续走工业文明的老路只能是走向人类文明的终结，文明转型是历史的必然趋势。生态文明的出现为人类社会提供了能够实现发展和保护协同共生的新路径，这种路径首先建立在对经济发展与生态环境保护相互关系的正确认识之上，承认保护生态环境就是保护生产力、改善生态环境就是发展生产力。只有树立起自然价值与自然资本的理念，才能从根本上化解人与自然的矛盾与冲突，真正实现发展与保护相统一。相应地，生产力在自然条件制约下的发展瓶颈也将在生态文明中得到突破。

21世纪以来，以绿色发展为导向的科学技术不断创新，生态化生产方式蓬勃兴起，生活方式的绿色化转向带来庞大的生态产业需求。

生态文明下的生产力增长具有很大的潜力空间。生态文明代表从更加先进的生产力和生产关系，确保人口、资源、环境与社会生产力发展相适应，推进生态文明建设，不仅能够解决历史遗留的环境污染问题，而且能够在更高层次上实现人与自然、环境与经济、人与社会的和谐。由此可见，人类社会从工业社会走向生态文明，将是不以人的主观意志为转移的客观发展过程。

中华民族向来尊重自然、热爱自然，绵延5000多年的中华文明孕育着丰富的生态文化。我们的祖先在对待和处理人与自然相互关系时有许多表达积淀了丰富的生态智慧。比如，《易经》中说："观乎天文，以察时变；观乎人文，以化成天下"，"财成天地之道，辅相天地之宜"。又如，《老子》中说："人法地，地法天，天法道，道法自然。"这些观念强调把天地人统一起来，把自然生态同人类文明联系起来，按照自然规律活动。同时，把自然生态观念上升为国家管理制度，专门设立掌管山林川泽的机构，制定政策法令，这就是虞衡制度。有的朝代还设有保护自然的律令并对违令者重惩，如周文王颁布的《伐崇令》规定："毋坏室，毋填井，毋伐树木，毋动六畜。有不如令者，死无赦。"先人的观念与实践为我们处理人与自然之间的关系提供了有益借鉴。

中国共产党善于以史为鉴，在总结历史中把握发展规律，开辟发展新道路。新中国成立以后，快速工业化积累了大量的生态环境问题，并逐步成为发展的短板。1972年，中国参加了联合国人类环境会议，吸取发达国家遭受环境公害侵害的教训，总结环境保护经验，并着手开启符合中国国情的环境保护事业。1973年，我国召开第一次全国环境保护会议，揭开了新中国环境保护事业的序幕。改革开放后，我国开始推动环境保护领域立法。1978年，环境保护内容写入我国宪法。1979年，我国第一部环境保护法试行。1983年，环境保护被确立为我国基本国策。1992年，中国参加联合国环境与发展大会，积极落实联合国大会决议，并将可持续发展战略确定为国家发展战略，建设生态文明的理念在此过程中初步形成。2007年，党的十七大提出建设生态文明是实现全面建设小康社会奋斗目标的新要求之一。

党的十八大以来，以习近平同志为核心的党中央，以前所未有的力度抓生态文明建设，把生态文明建设摆在全局工作的突出位置，在"五位一体"总体布局中，生态文明建设是其中一位；在新时代坚持和发展中国特色社会主义的基本方略中，坚持人与自然和谐共生是一个方略；在新发展理念中，绿色是一项理念；在三大攻坚战中，污染防治是一战；在到本世纪中叶建成社会主义现代化强国目标中，美丽中国是一个目标。这充分体现了党对生态文明建设重要性的认识，明确了生态文明建设在党和国家事业发展全局中的重要地位。

进入新时代，我国开展一系列根本性、开创性、长远性工作，从思想、法律、体制、组织、作风上全面发力，全方位、全地域、全过程加强生态环境保护，决心之大、力度之大、成效之大前所未有，生态文明建设从认识到实践都发生了历史性、转折性、全局性的变化。

习近平生态文明思想深入人心。推动绿色发展的自觉性和主动性显著增强，人与自然和谐共生，尊重自然、顺应自然、保护自然，绿水青山就是金山银山等生态文明理念，成为全党全社会的共识和行动，简约适度、绿色低碳、文明健康的生活方式成为新风尚。

生态文明制度体系更加健全。把深化生态文明体制改革作为全面深化改革、坚持和完善中国特色社会主义制度的重要内容，着力构建系统完整的生态文明制度体系。建立健全生态文明建设目标评价考核和责任追究制度、生态补偿制度、河湖长制、林长制、环境保护"党政同责"和"一岗双责"等制度，制定修订环境保护法等30多部生态环境领域相关法律和行政法规，持续深化省以下生态环境机构监测监察执法垂直管理、生态环境保护综合行政执法等改革，为生态文明建设保驾护航。

国土集聚开发格局日渐清晰。优化国土空间开发保护格局，建立以国家公园为主体的自然保护地体系，持续开展大规模国土绿化行动，加强大江大河和重要湖泊湿地及海岸带生态保护和系统治理，加大生态系统保护和修复力度，加强生物多样性保护，推动形成节约资源和保护环境的空间格局、产业结构、生产方式、生活方式。

生态环境质量显著改善。着力打赢污染防治攻坚战，深入实施大气、水、土壤污染防治三大行动计划，打好蓝天、碧水、净土保卫战，开展农村人居环境整治，全面禁止进口"洋垃圾"。开展中央生态环境保护督察，坚决查处一批破坏生态环境的重大典型案件，解决一批人民群众反映强烈的突出环境问题。

对全球环境治理作出重要贡献。中国坚定践行多边主义，推动构建公平合理、合作共赢的全球环境治理体系，积极推动《巴黎协定》的签署、生效和实施，作出力争2030年前实现碳达峰、2060年前实现碳中和的庄严承诺。2013年，联合国环境规划署理事会会议通过推广中国生态文明理念的决定草案；2016年，联合国环境规划署发布《绿水青山就是金山银山：中国生态文明战略与行动》报告；2021年，联合国《生物多样性公约》第十五次缔约方大会以"生态文明：共建地球生命共同体"为主题，这是联合国首次以生态文明为主题召开的全球性会议。

目前，我国生态文明建设仍然面临诸多矛盾和挑战，生态环境稳中向好的基础还不稳固，生态环境质量同人民群众对美好生活的期盼相比，同建设美丽中国的目标相比，同构建新发展格局、推动高质量发展、全面建设社会主义现代化国家的要求相比，还有较大差距。加强生态文明建设，推进人与自然和谐共生的现代化，无疑是一场大仗、硬仗和持久战，任重道远。

本书共十章，详细阐述了新时代我国生态文明建设理论与实践的发展历程，以探寻提升生态文明建设水平的实践路径。第一章是树立科学生态文明理念，主要包括尊重自然、顺应自然、保护自然理念，人与自然和谐共生理念，绿水青山就是金山银山理念，山水林田湖草沙是生命共同体理念，共同构建地球生命共同体理念。第二章是建立生态文明制度体系，主要包括生态环境保护制度、资源高效利用制度、自然生态保护修复制度、生态环境保护责任制度。第三章是开展生态文明建设试点示范，主要包括生态文明示范工程、生态文明先行示范区、生态文明试验区。第四章是完善生态安全屏障体系，主要包括青藏高原生态屏障区、黄河重点生态区、长江重点生态区、东北森林带、北方防沙带、南方丘陵山地带、海岸带。第五章是构建科学合理的自然保护地体系，主要包括自然保护地体系、国家公园、自然保护区、自然公园。第六章是加强海洋生态环境保护，主要包括强化海洋空间规划管理、持续改善近岸海域环境质量、提升海洋生态系统质量、有效应对海洋突发环境事件、建立健全海洋生态环境治理体系。第七章是深化生态保护补偿制度改革，主要包括实施分类补偿、健全综合补偿、推进多元补偿。第八章是深入开展污染防治行动，主要包括大气污染治理、水污染治理、土壤污染治理。第九章是改善农村人居环境，主要包括加强村庄规划管理、提升垃圾治理水平、扎实推进厕所革命、加快推进污水治理、提升村容村貌、建立管护长效机制。第十章是推进绿色城镇化发展，主要包括优化城镇化空间布局和形态、推进新型城市建设、加快建筑节能与绿色建筑发展、推动绿色交通发展。

本书是国家社会科学基金重大项目"习近平总书记关于贫困治理的思想和实践研究"（批准号：19ZDA001）的阶段性成果。通过系统梳理中共中央、国务院以及中央各部委出台的生态文明建设政策举措，科学分析我国生态文明建设面临的新形势，探讨增强生态文明建设水平的对策措施，为新时代生态文明建设理论与实践提供参考。从政策思想史的角度出发，探讨新时代生态文明建设理论与实践，不仅具有丰富中国特色社会主义生态文明建设理论体系的理论意义，而且具有为推进新时代生态文明建设提供咨政参考的实践意义。

目　录
CONTENTS

第一章　树立科学生态文明理念 ·················· 1

第一节　尊重自然、顺应自然、保护自然理念 ·········· 1

第二节　人与自然和谐共生理念 ··················· 5

第三节　绿水青山就是金山银山理念 ··············· 8

第四节　山水林田湖草沙是生命共同体理念 ·········· 10

第五节　共同构建地球生命共同体理念 ············· 13

第二章　建立生态文明制度体系 ·················· 17

第一节　生态环境保护制度 ······················ 17

第二节　资源高效利用制度 ······················ 23

第三节　自然生态保护修复制度 ··················· 32

第四节　生态环境保护责任制度 ··················· 37

第三章　开展生态文明建设试点示范 ·············· 43

第一节　生态文明示范工程 ······················ 43

第二节　生态文明先行示范区 ···················· 50

第三节　生态文明试验区 ························· 56

第四章 完善生态安全屏障体系 ·········· **63**

第一节 青藏高原生态屏障区 ·········· 63

第二节 黄河重点生态区 ·········· 67

第三节 长江重点生态区 ·········· 71

第四节 东北森林带 ·········· 74

第五节 北方防沙带 ·········· 77

第六节 南方丘陵山地带 ·········· 81

第七节 海岸带 ·········· 84

第五章 构建科学合理的自然保护地体系 ·········· **88**

第一节 自然保护地体系 ·········· 88

第二节 国家公园 ·········· 98

第三节 自然保护区 ·········· 106

第四节 自然公园 ·········· 114

第六章 加强海洋生态环境保护 ·········· **120**

第一节 强化海洋空间规划管理 ·········· 120

第二节 持续改善近岸海域环境质量 ·········· 123

第三节 提升海洋生态系统质量 ·········· 127

第四节 有效应对海洋突发环境事件 ·········· 132

第五节 建立健全海洋生态环境治理体系 ·········· 136

第七章 深化生态保护补偿制度改革 ·········· **139**

第一节 实施分类补偿 ·········· 139

第二节 健全综合补偿 ·········· 153

第三节 推进多元补偿 …………………………………………… 157

第八章 深入开展污染防治行动………………………………… **161**

第一节 大气污染治理 …………………………………………… 161

第二节 水污染治理 ……………………………………………… 167

第三节 土壤污染治理 …………………………………………… 173

第九章 改善农村人居环境……………………………………… **191**

第一节 加强村庄规划管理 ……………………………………… 191

第二节 提升垃圾治理水平 ……………………………………… 193

第三节 扎实推进厕所革命 ……………………………………… 194

第四节 加快推进污水治理 ……………………………………… 196

第五节 提升村容村貌 …………………………………………… 197

第六节 建立管护长效机制 ……………………………………… 199

第十章 推进绿色城镇化发展…………………………………… **202**

第一节 优化城镇化空间布局和形态 …………………………… 202

第二节 推进新型城市建设 ……………………………………… 208

第三节 加快建筑节能与绿色建筑发展 ………………………… 216

第四节 推动绿色交通发展 ……………………………………… 219

参考文献………………………………………………………… **223**

第一章　树立科学生态文明理念

生态文明理念对于生态文明建设实践具有先导作用，是生态文明建设的理论基础和思想根基。习近平生态文明思想是以习近平同志为核心的党中央带领广大人民把握人类社会发展规律、传承中华优秀传统文化、顺应时代潮流和人民意愿，对几十年来中国生态环境治理经验的精准提炼和科学总结，是新时代生态文明建设的根本遵循和行动指南。

第一节　尊重自然、顺应自然、保护自然理念

自然是人类赖以生存发展的基本条件。面对资源约束趋紧、环境污染严重、生态系统退化的严峻形势，习近平总书记强调，必须树立尊重自然、顺应自然、保护自然的生态文明理念；尊重自然、顺应自然、保护自然，是全面建设社会主义现代化国家的内在要求。尊重自然、顺应自然、保护自然三者有机统一，需要整体把握、缺一不可。

1. 尊重自然。尊重自然是人们对人与自然关系的科学认识。人类生命孕育于自然之中，自然为人类提供生存发展的物质基础，人与自然命脉相系、息息相通，将自然视同生命是尊重自然的深刻体现。习近平

总书记指出:"我们要坚持节约资源和保护环境的基本国策,像保护眼睛一样保护生态环境,像对待生命一样对待生态。"① 尊重自然并不是人类发展以被动的形式受自然条件支配,而是在自身发展中尊重与认同自然的发展规律和内在价值,像尊重生命一样对自然怀有敬畏之心;尊重自然反映了人对自然主体地位的认同,承认自然是人类生存的基础,承认自然规律和自然资源与环境对人类活动的约束性;尊重自然就是要尊重自然价值和自然规律,这是实现人与自然和谐的认识前提。只有尊重自然,才能发挥人的主观能动性去认识和利用自然规律,科学选择趋利避害的方法主动适应自然。在生态文明建设实践中,尊重自然是开展环境保护和管理工作的前提,是推进全民保护环境的理念基础。只有真正树立尊重自然的价值理念,深刻体会人与自然的共同体关系,让生态文明理念深入人心,才能使环境保护在实践中深刻体现。

中国共产党环境保护和生态文明建设的探索实践,深刻体现了"尊重自然"的理念。中国在应对全球性的生态危机和环境污染问题时开辟了中国道路,从注重环境保护到实行可持续发展战略,再到全面部署生态文明建设,从单一治理手段到把生态文明理念融入国家建设的各方面和全过程。面对工业化进程带来的环境负面影响,中国摒弃先污染再治理的传统思维模式,选择了重新认识人与自然的相互关系。

2. 顺应自然。顺应自然是人对自然发展规律的科学把握。在中国的传统文化理念中,顺应自然理念早有体现。荀子说,"万物各得其和以生,各得其养以成",意指自然万物的存在及变化有其自身的规律,不以人的意志为转移。顺应自然具有深刻的中国道家学说内涵,老子认为"人法地,地法天,天法道,道法自然",主张"自然无为"。天地万物包括人在内,其运行都遵照固有的自然法则,万事万物都依照自然

---

① 习近平谈治国理政(第二卷)[M]. 北京:外文出版社,2017:209.

规律自生自在。"无为"的意思不是毫无作为，而是顺势而为。

顺应自然理念符合马克思主义关于遵从自然规律的观点。马克思指出："不以伟大的自然规律为依据的人类计划，只会带来灾难。"① 恩格斯指出："我们不要过分陶醉于我们人类对自然界的胜利。对于每一次这样的胜利，自然界都对我们进行报复。"② 工业文明以来，人类违背自然规律而导致各类生态环境问题的频出，印证了马克思恩格斯的科学论断。马克思恩格斯的观点在中国得到了继承和发展。习近平总书记指出："你善待环境，环境是友好的；你污染环境，环境总有一天会翻脸，会毫不留情地报复你。"③ 顺应自然就是把握自然规律，趋利避害地改造自然。

顺应自然是人类主动适应自然规律的明智选择。历史上人类依靠顺应自然理念成功治理生态环境的实例颇多，我国都江堰即这样的范例。习近平总书记指出："始建于战国时期的都江堰，距今已有二千多年历史，就是根据岷江的洪涝规律和成都平原悬江的地势特点，因势利导建设的大型生态水利工程，不仅造福当时，而且泽被后世。"④ 都江堰遵循岷江来水规律、水沙运动规律、河道演变规律，利用山形地势，坚持顺应自然理念，顺应自然规律，才造就了人类文明史上生态水利工程的成功典范。

3. 保护自然。保护自然是人与自然关系的实践导向。保护环境是指在改造自然的过程中减少对生态环境的破坏，保护生态环境系统的自我调节和修复能力。从立场选择的角度看，人与自然环境休戚相关，保护环境就是满足人类的生存需要，维护人类的根本利益，保护环境的实

① 马克思恩格斯选集（第三卷）[M]. 北京：人民出版社，1995：251.
② 恩格斯. 自然辩证法 [M]. 北京：人民出版社，2018：313.
③ 习近平. 之江新语 [M]. 杭州：浙江人民出版社，2007：141.
④ 习近平. 论坚持人与自然和谐共生 [M]. 北京：中央文献出版社，2022：9-10.

质就是保护人类自己；从发展实践的角度看，保护环境是人类对自然环境的正向改造，保护和修复自然环境是促进人类社会物质文明与精神文明发展的有益实践。正视人与自然的关系，将尊重自然、顺应自然的理念有效实践，就必须落实保护自然的具体活动。

保护自然必须处理好经济发展同环境保护的关系。经济发展与环境保护辩证统一。一方面，经济发展和环境保护的目的是统一的，都是满足人民的美好生活需要。另一方面，两者的内容是统一的，经济发展与环境保护相辅相成，是可以相互转化的。改革开放后我国以经济建设为中心，经济发展取得了前所未有的重大成就，随之出现的却是一系列突出的生态环境问题，一度成为民生之患、民心之痛。在认识经济发展和环境保护的关系上，中国共产党在实践中不断更新观念。改革开放以后，在以经济建设为中心的背景下，我国环境保护事业的地位不断提高。邓小平同志强调，在发展经济的同时，要采取措施保护生态环境。江泽民同志指出："在现代化建设中，必须把实现可持续发展作为一个重大战略。要把控制人口、节约资源、保护环境放到重要位置，使人口增长与社会生产力的发展相适应，使经济建设与资源、环境相协调，实现良性循环。"① 胡锦涛同志指出："要牢固树立保护环境的观念。良好的生态环境是社会生产力持续发展和人们生存质量不断提高的基础。"②

进入新时代，党中央深入研判经济社会和自然环境发展规律，将经济建设和生态文明建设融为一体，把环境保护工作融入社会发展实际。习近平总书记指出："要保持加强生态文明建设的战略定力。保护生态环境和发展经济从根本上讲是有机统一、相辅相成的。不能因为经济发

---

① 中共中央文献研究室编. 十四大以来重要文献选编（中）[M]. 北京：人民出版社，1997：453.

② 中共中央文献研究室编. 科学发展观重要论述摘编 [M]. 北京：中央文献出版社、党建文物出版社，2008：37.

展遇到一点困难，就开始动铺摊子上项目、以牺牲环境换取经济增长的念头，甚至想方设法突破生态保护红线。"①

第二节　人与自然和谐共生理念

生态文明理念是党和国家正确认识人与自然、人与人、人与社会关系的科学论述，其核心是实现人与自然的和谐共生。人与自然的和谐共生不仅是人类发展的历史选择，也是人类文明的价值追求。树立人与自然和谐共生理念是开展生态文明政策和制度设计、落实生态环境保护工作具体要求、推动生态文明建设行稳致远的重要前提。党的十九大把"坚持人与自然和谐共生"作为新时代生态文明建设的基本方略之一，充分体现了中国共产党对人与自然关系、经济社会与自然生态和谐发展规律的深刻认识和准确把握。党的二十大就"推动绿色发展，促进人与自然和谐共生"作出重大战略部署，并把人与自然和谐共生列为中国式现代化的重要特色之一，这是中国共产党站在新的历史起点上对新时代生态文明建设作出的重大历史判断和战略布局。

1. 人与自然和谐共生理念的历史逻辑。深刻理解人与自然和谐共生内涵的前提是认识人与自然的关系。人类文明全部发展历史，可以说是人与自然关系变化发展史。在原始社会和农业社会，由于人类认识自然和改造自然的水平有限，致使大多数的社会活动都受限于自然条件，人类对待自然的态度总体呈现的是敬畏和顺从，这是人与自然关系的第一阶段。工业革命以后，随着生产水平的飞跃提升和生产方式发生革命性变化，人类历史进入了征服自然的工业文明时代。飞速发展的生产力

---

① 习近平．论坚持人与自然和谐共生［M］．北京：中央文献出版社，2022：227．

使人类打破了受制于自然的状态，不断攫取自然资源以谋求最快速度的发展，人与自然关系走入第二阶段，即人类征服自然阶段。人类对自然进行过度开发和利用，造成了环境破坏、资源匮乏、生态失衡等全球性生态环境问题。在日益严峻的生态危机面前，人类迫切需要转变发展观念，重新思考对自然的开发和利用模式，人与自然的关系随之进入第三阶段，即追求人与自然的和谐统一。由此可见，一方面，人类依存于自然，自然界是人类社会发展的基础，人类社会发展受自然界的变化及发展规律影响。另一方面，人能够主观能动地认识自然、改造自然，利用自然为人类服务。人对自然的任何改造都会直接或间接作用于人类，自然的发展和人的发展相互影响、相互制约，人与自然是不可分割的整体。

2. 人与自然和谐共生理念的理论逻辑。中华民族自古以来就有"天人合一"的崇高思想。庄子认为"天地与我并生，万物与我为一"，强调天地万物为一体，人与自然相互依存，表达了古人对天、地、人三者和谐相处、共生共存关系的认识。实现人与自然和谐共生的核心就在于真正理解人与自然实质上是相互联系的有机整体，是一荣俱荣、一损俱损的生命共同体，将人类发展的价值尺度扩展到人与自然和谐共生关系的向度之中，而不是单纯减少对自然的改造和影响。

中国共产党对人与自然关系的认识存在一个变化发展的过程。在社会主义建设初期，侧重经济恢复，人与自然关系更多体现为对立和斗争的一面。改革开放以后，中国共产党逐步意识到环境保护的重要性，开始推进资源的科学分配和环境保护，以达到可持续发展的目的。在人与自然的关系上，江泽民同志提出了"要促进人和自然的协调与和谐"。他在党的十六大报告中提出，全面建设小康社会的目标之一是"可持续发展能力不断增强，生态环境得到改善，资源利用效率显著提高，促进入人与自然的和谐，推动整个社会走上生产发展、生活富裕、生态良好的文明发展道路"①。胡锦涛同志强调"倍加爱护和保护自然""统筹人与自然和谐发展""把人与自然和谐发展作为重要理念"。进入新时代，党中央不断推进生态文明建设的理论和实践，提出一系列人与自然关系的新观点、新理念，强调坚持人与自然和谐共生、人与自然是生命共同体，标志着新时代中国共产党对人与自然关系的正确认识和准确把握达到了新的历史高度。习近平总书记指出："人与自然是相互依存、相互联系的整体，对自然界不能只讲索取不讲投入、只讲利用不讲建设。"② 这反映了中国共产党对人与自然关系认识的重大转变，强调了人与自然和谐统一的一面，承认尊重自然规律是实现人与自然和谐共生的认识前提。

3. 人与自然和谐共生理念的价值逻辑。经过几千年的沉淀积累，在中华文化中，"和谐相处"已经不是单纯的关系认知，而是人们评价人与人、人与自然、人与社会之间关系的价值标准。和谐是人与自然之间的应然状态，这样的和谐状态并不是指人与自然有着固定不变的相处模式，而是随着历史的推移，人类社会与自然界产生变化的同时，其相处模式同样遵循自然规律发生变化，以不断达到新的和谐状态。每一个历史阶段都有其独特的和谐方式，和谐是现实的和谐，是符合当代人民生存和发展需要的和谐，而不是以人类发展停滞作为代价的和谐。人与自然和谐共生理念即在这样的主张下提出，将和谐作为发展的价值追求。正如习近平总书记所指出，让群众望得见山、看得见水、记得住乡愁，让自然生态美景永驻人间，还自然以宁静、和谐、美丽。

---

① 中共中央文献研究室编. 十六大以来重要文献选编（上）[M]. 北京：中央文献出版社，2005：15.

② 中共中央宣传部编. 习近平总书记系列重要讲话读本 [M]. 北京：学习出版社、人民出版社，2014：121.

第三节 绿水青山就是金山银山理念

绿水青山就是金山银山理念，是习近平总书记立足于科学的环境保护理念和治理经验，把握科学发展规律和历史阶段性特征，放眼生态文明建设宏伟目标所提出的重要发展理念。

1. 绿水青山就是金山银山理念的演进。习近平同志在任浙江省委书记时就高度重视绿色发展，因地制宜建设浙江生态省、制定"绿色浙江"发展战略，并于 2005 年提出了"绿水青山就是金山银山"的科学论断。2006 年，习近平同志对绿水青山和金山银山的关系进行了更加系统的阐述，习近平同志指出："在实践中对这'两座山'之间关系的认识经过了三个阶段：第一个阶段是用绿水青山去换金山银山，不考虑或者很少考虑环境的承载能力，一味索取资源。第二个阶段是既要金山银山，但是也要保住绿水青山，这时候经济发展与资源匮乏、环境恶化之间的矛盾开始凸显出来，人们意识到环境是我们生存发展的根本，要留得青山在，才能有柴烧。第三个阶段是认识到绿水青山可以源源不断地带来金山银山，绿水青山本身就是金山银山，我们种的常青树就是摇钱树，生态优势变成经济优势，形成了一种浑然一体、和谐统一的关系。"①

进入新时代，习近平总书记延续"两山"理念，提出"建设美丽中国"的宏伟目标。2013 年，习近平主席在哈萨克斯坦发表演讲时总结完善了"两山"理念，习近平主席指出："我们既要绿水青山，也要

---

① 习近平. 之江新语 [M]. 杭州：浙江人民出版社，2007：186.

金山银山。宁要绿水青山，不要金山银山，而且绿水青山就是金山银山。"① 至此，"两山"理念趋于成熟和定型。2015 年 4 月 25 日，中共中央、国务院印发的《关于加快推进生态文明建设的意见》正式把"坚持绿水青山就是金山银山"写入其中，使其成为新时代生态文明建设的科学理念。绿水青山就是金山银山理念，不仅深刻揭示了经济发展与环境保护辩证统一的科学认识，也正确指引了绿水青山和金山银山的价值选择。建设生态文明不是保护环境而遏制发展，而是在发展中保护，在保护中发展，自然价值与社会价值都要体现在生态文明的综合发展之中。

2. 绿水青山就是金山银山理念的内涵。"既要绿水青山，也要金山银山"是指经济建设与生态环境保护作为矛盾的两方面，其同一性在于二者的根本目的都是满足人类的生存发展需要，是相辅相成、和谐统一的共同体，而不是非此即彼的对立选择。因此，要摒弃极端的发展思想，不能一味发展经济而忽视对生态环境的保护，也不能仅仅追求生态环境质量而牺牲经济发展。在历史发展的过程中，经济建设与生态环境保护之间的矛盾会不断展开，人们常常面临二者难以调和的状态。习近平总书记深谋远虑，把握"绿水青山可带来金山银山，但金山银山却买不到绿水青山"的客观现实，坚决摒弃以牺牲绿水青山换取金山银山的发展理念。

"两山"理念立足实现人的全面发展以及人类社会整体和长远利益，否定用眼前利益牺牲长远利益的短视思维，在发展中坚持保护优先、可持续发展优先。"绿水青山就是金山银山"是认识经济发展和生态环境保护关系的最高阶段。将绿水青山等同于金山银山是一个具有战

---

① 中共中央宣传部编. 习近平总书记系列重要讲话读本［M］. 北京：学习出版社、人民出版社，2014：120.

略意义的判断，强调了经济发展与生态环境保护之间的内在一致性，从根本上把握了人与自然动态性统一的辩证关系。在"绿水青山就是金山银山"理念中，自然资源不再是单纯服务于经济发展的材料和客体，它本身就是财富，保护、开发和利用好自然资源就是积蓄财富、发展经济。经济生态化与生态经济化的思维转换，触发了矛盾双方由对立走向统一的条件，使矛盾双方在朝向对立面转换的进程中达成了和谐统一。发展生态文明本身就是在创造财富，保护环境就是在保护财富。这既体现了马克思主义生态自然观的本质特性，也体现了人与自然从冲突走向和谐的未来发展之路，这就是人的价值与自然价值得以双重实现的最终体现。

第四节　山水林田湖草沙是生命共同体理念

习近平总书记把握生态环境治理工作的整体视野，强调整体保护、系统修复、综合治理，在实践上不断探索和总结，在认识上不断深化和创新。习近平总书记坚持把马克思主义方法论和中国国情相结合，创造性地提出了山水林田湖草沙是生命共同体理念。

1. 山水林田湖草沙是生命共同体理念的演进。山水林田湖草沙是生命共同体理念是在生态文明建设具体实践中不断延伸发展的。2013年，习近平总书记在党的十八届三中全会上首次提出"山水林田湖是一个生命共同体"的理念。习近平总书记指出："山水林田湖是一个生命共同体，人的命脉在田，田的命脉在水，水的命脉在山，山的命脉在土，土的命脉在树。"① 习近平总书记明晰各类生态子系统和各种自然

---

① 习近平. 论坚持人与自然和谐共生［M］. 北京：中央文献出版社，2022：42.

环境要素之间的联系，明确它们为一个生命共同体，共同组成整个生态系统，强调"由一个部门行使所有国土空间用途管制职责，对山水林田湖进行统一保护、统一修复是十分必要的"①。

在此基础上，为应对草原退化和沙化问题，加强草原生态保护，"草"字也被纳入生命共同体理念。2017 年，习近平总书记在中央全面深化改革领导小组第 37 次会议上强调"坚持山水林田湖草是一个生命共同体"。同年，在党的十九大报告中，指出要"统筹山水林田湖草系统治理"。2018 年，习近平总书记在全国生态环境保护大会上，把"山水林田湖草是生命共同体"确定为新时代建设生态文明必须坚持的六项原则之一。随着生态环境系统治理不断深入，生命共同体理念的外延也在不断扩大。2020 年，中共中央、国务院印发的《黄河流域生态保护和高质量发展规划纲要》提出要"统筹推进山水林田湖草沙综合治理、系统治理、源头治理"，"沙"字被纳入生态环境治理的系统工程。2021 年，习近平总书记在考察西藏时，针对青藏高原生态环境特点，将"冰"纳入系统治理，提出了"坚持山水林田湖草沙冰一体化保护和系统治理"②，进一步丰富了生命共同体理念。

2. 山水林田湖草沙是生命共同体理念的实践。建设生态文明不仅必须处理好人与自然、发展与保护的关系，也要处理好整体与部分和各部分之间的关系。从横向看，生态文明建设涵盖 960 万平方公里的陆域国土面积和约 300 万平方公里的海洋国土面积，按地理空间尺度可划分为城市化地区、农村地区、重要生态功能区、矿产资源开发集中区及海岸带和海岛地区等。从纵向看，生态环境系统囊括山地、河流、森林、农田、湖泊、草原等环境子系统，由水、大气、生物、阳光、土壤、岩

① 习近平.论坚持人与自然和谐共生［M］.北京：中央文献出版社，2022：42.

② 习近平.论坚持人与自然和谐共生［M］.北京：中央文献出版社，2022：198.

石等自然环境要素组成。生态环境治理是一项涉及多地区、多领域的复杂系统工程，必须应用全局思维、系统思维，重视环境要素之间的联系，统筹兼顾各方面利益，在多元目标中推进动态平衡，实现综合效益最佳。习近平总书记指出："要从系统工程和全局角度寻求新的治理之道，不能再是头痛医头、脚痛医脚，各管一摊、相互掣肘，而必须统筹兼顾、整体施策、多措并举，全方位、全地域、全过程开展生态文明建设。比如，治理好水污染、保护好水环境，就需要全面统筹左右岸、上下游、陆上水上、地表地下、河流海洋、水生态水资源、污染防治与生态保护，达到系统治理的最佳效果。要深入实施山水林田湖草一体化生态保护和修复，开展大规模国土绿化行动，加快水土流失和荒漠化石漠化综合治理。"①

党的二十大强调"坚持山水林田湖草沙一体化保护和系统治理"，这就是要实行全方位、全地域、全过程的整体保护、系统修复、综合治理，按照系统工程的思路整合各项工作。要优化生态安全屏障体系，构建生态廊道和生物多样性保护网络，加强生物多样性保护，提升生态系统质量和稳定性；加强流域与湿地保护，推进生态功能重要的江河湖泊水体休养生息；建设以国家公园为主体的自然保护地体系，推动各类自然保护地科学设置，建立自然生态系统保护的新体制、新机制、新模式，建设健康稳定高效的自然生态系统。落实节约优先战略，加强全过程节约管理，完善市场调节、标准管控、考核监管；健全土地、水、能源节约集约使用制度；大幅降低资源消耗强度，提高利用效率和效益，形成节约资源的空间格局、产业结构、生产方式和消费模式；推动资源利用方式根本转变，实现绿色发展、循环发展和低碳发展。推进大气、水和土壤污染防治，加强区域污染的联防联控联治，打好污染防治攻坚

---

① 习近平. 论坚持人与自然和谐共生［M］. 北京：中央文献出版社，2022：12-13.

战；深入节能减碳，推进主要污染物总量减排，完善一氧化碳和二氧化碳防治机制，优化产业结构和能源结构，提高能源利用效率，建设清洁低碳安全高效的现代能源体系；提高环境治理水平，充分运用市场化手段，完善自然环境价格机制，采取多种方式支持政府和社会资本合作项目，加大重大项目科技攻关力度。

第五节　共同构建地球生命共同体理念

2018 年，习近平总书记在全国生态环境保护大会上提出，要把"共谋全球生态文明建设"作为新时代生态文明建设必须坚持的原则，这是站在全球视野和高度为人类生态文明建设的未来发展指明了方向。2021 年，习近平主席在《生物多样性公约》第十五次缔约方大会领导人峰会上的主旨讲话中，以"共同构建地球生命共同体"为题，倡议聚焦全球生物多样性保护，共建地球生命共同体。

1. 共同构建地球生命共同体理念的时代背景。世界各国人民的民生需求都包含对美好生态环境的向往，满足人民的生态需求是一个全球性课题。目前，全球生态环境面临多重挑战和危机，如全球气候变暖造成冰川融化、海平面上升等缓发性自然灾害，给人类带来严峻的生存挑战；生物多样性大幅减少，全球生态系统面临失衡危险；生态环境破坏、污染加剧引发一系列生态环境灾难，严重影响人类生命健康；人口增长、资源过度开发、国际竞争加剧等因素对地球环境与资源造成负面影响；如此等等。

全球生态环境是一个整体，各部分之间相互影响、相互联系，没有一个国家的生态系统可以独立存在，生态环境治理必须是全球环境系统治理、国际社会共同治理。西方发达国家相对于发展中国家而言，较早出现生态环境恶化带来的灾难性事件，因此也较早地面对环境污染问题。为应对生态危机，部分发达国家在制定政策应对本国生态环境问题的同时，也将资源消耗量大、环境污染较严重的产业和企业大量转移到发展中国家，以实现自身的局部绿化。这种做法只会加剧地区之间的冲突和矛盾，其根本原因是没有清楚认识到人类只有地球这一个共同家园、人类是一个命运共同体。对此，习近平总书记强调人类只有一个地球家园，"生态文明建设关乎人类未来，建设绿色家园是人类的共同梦想，保护生态环境、应对气候变化需要世界各国同舟共济、共同努力，任何一国都无法置身事外、独善其身"①。世界各国人民共居一个地球，都肩负着创造美好生活、保护自然环境的重要责任。

2. 共同构建地球生命共同体理念的中国担当。中国作为发展中大国，一直以来都积极参与推动全球环境共治，履行负责任大国的承诺，展现大国责任担当。自 1972 年起，中国参与了多项国际环境保护会议文件起草工作，如《联合国人类环境宣言》《里约环境与发展宣言》《21 世纪议程》《约翰内斯堡可持续发展宣言》等；缔结和签署多项国际环境保护公约，如《联合国海洋法公约》《关于消耗臭氧层物质的蒙特利尔议定书》《控制危险废物越境转移及其处置巴塞尔公约》《生物多样性公约》《联合国气候变化框架公约》《京都议定书》等。在中国的积极推动下，2015 年联合国气候变化大会顺利通过了《巴黎协定》，这成为国际社会共同应对气候变化的一座里程碑。2020 年 9 月 22 日，习近平主席在第 75 届联合国大会上宣布，中国将力争实现"双碳"目标，即到 2030 年前，二氧化碳排放不再增长并达到由增向减的拐点峰

---

① 中共中央党史和文献研究院编. 习近平新时代中国特色社会主义思想学习论丛（第三辑）[M]. 北京：中央文献出版社，2020：77.

值，即实现"碳达峰"目标；努力争取到 2060 年，二氧化碳等温室气体排放的产生量与吸收量相互抵消，即实现"碳中和"目标。2021 年10 月 24 日，国务院印发《2030 年前碳达峰行动方案》，将国际承诺落实到减碳具体工作部署之中。中国不仅用实际行动开展生态文明建设，也与世界多国开展环境保护、生态修复、污染防治等多方面交流合作，积极探索新的国际环境治理合作模式，推动全球生态文明建设向前发展。

3. 共同构建地球生命共同体理念的实践路径。共同构建地球生命共同体理念落实到具体实践，主要通过以下途径。

（1）积极开展南南合作。南南合作是发展中国家经济技术等领域的合作与交流，是确保发展中国家有效融入和参与世界经济的有效手段，也是促进国际多边合作不可或缺的重要组成部分。中国已设立南南合作援助基金，向发展中国家特别是最不发达国家、内陆发展中国家、小岛屿发展中国家提供经济援助。习近平主席在出访太平洋岛国时强调，中国重视和理解太平洋岛国在气候变化问题上的特殊关切，将向各岛国提供力所能及的帮助。中国通过南南合作，用实际行动为发展中国家应对气候变化及生态危机提供中国力量。

（2）共建"一带一路"绿色发展。2022 年 3 月 16 日，中国国家发展改革委、外交部、生态环境部、商务部联合发布了《关于推进共建"一带一路"绿色发展的意见》，强调推进共建"一带一路"绿色发展，是践行绿色发展理念、推进生态文明建设的内在要求，是积极应对气候变化、维护全球生态安全的重大举措，是推进共建"一带一路"高质量发展、构建人与自然生命共同体的重要载体。共建"一带一路"绿色发展，必须推进绿色发展重点领域，如绿色基础设施建设、绿色能源、绿色科技、绿色产业等领域合作，推进境外项目绿色发展，完善绿色发展支撑保障体系。

（3）积极参与全球环境治理，落实联合国《2030 年可持续发展议程》。中国在推进本国发展方面开展精准脱贫、乡村振兴、生态文明建设、创新引领发展等多项实践，全社会力量都积极推动可持续发展；在参与全球生态环境治理方面，中国坚持"共同但有区别的责仟"原则，努力承担应尽的国际责任，积极开展跨国生态治理活动，同世界各国开展环境保护事业交流合作，引导世界各国团结努力，共同构建清洁美丽的世界。

第二章　建立生态文明制度体系

生态文明建设不仅要解决人与资源环境发生冲突的自然问题，而且要解决涉及各方利益关系、资源调配的社会问题。必须建立生态文明制度体系，因为制度是有效解决社会问题的重要保障。建立生态文明制度体系是中国特色社会主义制度建设的重要组成部分，也是新时代生态文明建设的重中之重。

第一节　生态环境保护制度

2019 年 10 月 31 日，党的十九届四中全会通过的《中共中央关于坚持和完善中国特色社会主义制度 推进国家治理体系和治理能力现代化若干重大问题的决定》强调，实行最严格的生态环境保护制度，"健全源头预防、过程控制、损害赔偿、责任追究的生态环境保护体系。加快建立健全国土空间规划和用途统筹协调管控制度，统筹划定落实生态保护红线、永久基本农田、城镇开发边界等空间管控边界以及各类海域保护线，完善主体功能区制度。完善绿色生产和消费的法律制度和政策导向，发展绿色金融，推进市场导向的绿色技术创新，更加自觉地推动绿色循环低碳发展。构建以排污许可制为核心的固定污染源监管制度体系，完善污染防治区域联动机制和陆海统筹的生态环境治理体系。加强农业农村环境污染防治。完善生态环境保护法律体系和执法司法制度"①。

1. 国土空间规划和用途统筹协调管控制度。国土空间规划是国家空间发展的指南、可持续发展的空间蓝图，是各类开发保护建设活动的基本依据。2019 年 5 月 23 日发布的《中共中央 国务院关于建立国土空间规划体系并监督实施的若干意见》指出："建立全国统一、责权清晰、科学高效的国土空间规划体系，整体谋划新时代国土空间开发保护格局，综合考虑人口分布、经济布局、国土利用、生态环境保护等因素，科学布局生产空间、生活空间、生态空间，是加快形成绿色生产方式和生活方式、推进生态文明建设、建设美丽中国的关键举措，是坚持以人民为中心、实现高质量发展和高品质生活、建设美好家园的重要手段，是保障国家战略有效实施、促进国家治理体系和治理能力现代化、实现'两个一百年'奋斗目标和中华民族伟大复兴中国梦的必然要求。"②

该《意见》明确国土空间规划战略目标是：到 2025 年，健全国土空间规划法规政策和技术标准体系；全面实施国土空间监测预警和绩效考核机制；形成以国土空间规划为基础，以统一用途管制为手段的国土空间开发保护制度。到 2035 年，全面提升国土空间治理体系和治理能力现代化水平，基本形成生产空间集约高效、生活空间宜居适度、生态

---

① 中共中央关于坚持和完善中国特色社会主义制度 推进国家治理体系和治理能力现代化若干重大问题的决定 [N]. 人民日报，2019-11-06 (1).

② 中共中央 国务院关于建立国土空间规划体系并监督实施的若干意见 [N]. 人民日报，2019-05-24 (1).

空间山清水秀，安全和谐、富有竞争力和可持续发展的国土空间格局①。该《意见》强调健全国土空间用途管制制度，"以国土空间规划为依据，对所有国土空间分区分类实施用途管制。在城镇开发边界内的建设，实行'详细规划+规划许可'的管制方式；在城镇开发边界外的建设，按照主导用途分区，实行'详细规划+规划许可'和'约束指标+分区准入'的管制方式。对以国家公园为主体的自然保护地、重要海域和海岛、重要水源地、文物等实行特殊保护制度。因地制宜制定用途管制制度，为地方管理和创新活动留有空间"②。

2. 绿色生产和消费的法律制度和政策导向。绿色生产和消费作为供给和需求的两端，是推动绿色发展的重要一环，也是进一步完善生态文明制度体系的发力点。建立绿色生产和消费法规政策体系的主要任务包括以下几个方面。

（1）推行绿色设计。建立再生资源分级质控和标识制度，推广资源再生产品和原料；完善优先控制化学品名录，引导企业在生产过程中使用无毒无害、低毒低害和环境友好型原料；强化标准制定统筹规划，加强绿色标准体系建设，扩大标准覆盖范围。

（2）强化工业清洁生产。严格实施清洁生产审核办法、清洁生产审核评估与验收指南，规范清洁生产审核行为，保障清洁生产审核质量；完善重点行业清洁生产评价指标体系，实行动态调整机制；完善电价政策，支持重点行业企业实施清洁生产技术改造。

（3）发展工业循环经济。完善共伴生矿、尾矿、工业"三废"、余热余压综合利用的支持政策；以电器电子产品、汽车产品、动力蓄电

---

① 中共中央 国务院关于建立国土空间规划体系并监督实施的若干意见［N］. 人民日报，2019-05-24（1）.

② 中共中央 国务院关于建立国土空间规划体系并监督实施的若干意见［N］. 人民日报，2019-05-24（1）.

池、铅酸蓄电池、饮料纸基复合包装物为重点，加快落实生产者责任延伸制度；支持建立发动机、变速箱等汽车旧件回收、再制造加工体系；建立完善绿色勘查、绿色矿山标准和政策支持体系。

（4）加强工业污染治理。全面推行污染物排放许可制度，强化工业企业污染防治法定责任；加快制定污染防治可行技术指南，严格环境保护执法监督；完善危险废物集中处置设施、场所作为环境保护公共设施的配套政策；健全工业污染环境损害司法鉴定工作制度，建立完善行政管理机关、行政执法机关与监察机关、司法机关的衔接配合机制，形成工业污染治理多元化格局。

（5）促进能源清洁发展。加大对分布式能源、智能电网、储能技术、多能互补的政策支持力度，研究制定氢能、海洋能等新能源发展的标准规范和支持政策；建立健全煤炭清洁开发利用政策机制，加快推进煤炭清洁开发利用；建立对能源开发生产、贸易运输、设备制造、转化利用等环节能耗、排放、成本全生命周期评价机制。

（6）推进农业绿色发展。推进科学施肥，建立有机肥替代化肥推广政策机制；实施化学农药减量替代计划，建立生物防治替代化学防治推广政策机制；制定农用薄膜管理办法，建立全程监管体系；制定农药包装废弃物回收处理管理办法；落实畜禽粪污资源化利用制度；完善落实水产养殖业绿色发展政策；健全农业循环经济推广制度，建立农业绿色生产技术推广机制。

（7）促进服务业绿色发展。建立健全快递、电子商务、外卖等领域绿色包装的法律、标准、政策体系；健全再生资源分类回收利用等环节管理和技术规范。

（8）扩大绿色产品消费。完善绿色产品认证与标识制度；积极推行绿色产品政府采购制度；建立完善节能家电、高效照明产品、节水器具、绿色建材等绿色产品和新能源汽车推广机制；鼓励公交、环卫、出租、通勤、城市邮政快递作业、城市物流等领域新增和更新车辆采用新能源和清洁能源汽车。

（9）推行绿色生活方式。落实污水处理收费制度；推行城乡居民生活垃圾分类和资源化利用制度；研究制定餐厨废弃物管理与资源化利用法规；推广绿色农房建设方法和技术。[①]

3. 以排污许可制为核心的固定污染源监管制度。排污许可证是对排污单位进行生态环境监管的主要依据，排污单位应当遵守排污许可证规定，按照生态环境管理要求运行和维护污染防治设施，建立环境管理制度，严格控制污染物排放。

2021 年 1 月 24 日，国务院印发的《排污许可管理条例》规定：排污单位应当按照生态环境主管部门的规定建设规范化污染物排放口，并设置标志牌；排污单位应当按照排污许可证规定和有关标准规范，依法开展自行监测，并保存原始监测记录；实行排污许可重点管理的排污单位，应当依法安装、使用、维护污染物排放自动监测设备，并与生态环境主管部门的监控设备联网；排污单位应当建立环境管理台账记录制度，按照排污许可证规定的格式、内容和频次，如实记录主要生产设施、污染防治设施运行情况以及污染物排放浓度、排放量；排污单位应当按照排污许可证规定的内容、频次和时间要求，向审批部门提交排污许可证执行报告，如实报告污染物排放行为、排放浓度、排放量等；排污单位应当按照排污许可证规定，如实在全国排污许可证管理信息平台上公开污染物排放信息。

该《条例》规定：排污单位有下列行为之一的，由生态环境主管

---

① 国家发展改革委，司法部. 国家发展改革委 司法部印发《关于加快建立绿色生产和消费法规政策体系的意见》的通知［EB/OL］. 中国政府网，2020-03-19.

部门责令改正或者限制生产、停产整治，处 20 万元以上 100 万元以下的罚款；情节严重的，报经有批准权的人民政府批准，责令停业、关闭：未取得排污许可证排放污染物；排污许可证有效期届满未申请延续或者延续申请未经批准排放污染物；被依法撤销、注销、吊销排污许可证后排放污染物；依法应当重新申请取得排污许可证，未重新申请取得排污许可证排放污染物。该《条例》还规定：排污单位有下列行为之一的，由生态环境主管部门责令改正或者限制生产、停产整治，处 20 万元以上 100 万元以下的罚款；情节严重的，吊销排污许可证，报经有批准权的人民政府批准，责令停业、关闭：超过许可排放浓度、许可排放量排放污染物；通过暗管、渗井、渗坑、灌注或者篡改、伪造监测数据，或者不正常运行污染防治设施等逃避监管的方式违法排放污染物。①

4. 生态环境保护法律体系和执法司法制度。2014 年 4 月 24 日，第十二届全国人大常委会第八次会议表决通过《环境保护法》修订案（即"新《环境保护法》"），对 1989 年制定的《环境保护法》进行了全面修订，明确了其在环境立法体系中的基础性地位。新《环境保护法》施行后，又先后修订了《水污染防治法》《大气污染防治法》等 9 部单行法，制定《土壤污染防治法》等 3 部单行法；《噪声污染防治法》开始实施，启动《固体废物污染环境防治法》《渔业法》《草原法》等单行法的修法程序，《长江保护法》《国家公园法》《能源法》等也纳入第十三届全国人大常委会立法规划。以《环境保护法》为基础，涵盖污染防治、生态环境保护及专门事项的环境立法体系在实践中趋于成熟，生态环境保护法律体系和执法司法制度建设不断强化。

（1）强化顶层设计，加强各部门协调联动治理。从全局的角度出

---

① 中华人民共和国国务院．排污许可管理条例［N］．人民日报，2021-02-23（16）.

发，针对各种情况进行统筹规划，通过加强环境立法，落实中央关于生态文明改革的部署，形成严格严密、覆盖全面的生态环境保护法律体系。一是区域联动治理。通过制定实施统一的标准、规划和监测措施，联合应对环境污染和生态破坏的问题。二是流域联动治理。如长江、黄河流域，按照生态环境的天然分布，相互协同提高治理效能，体现了生态环境保护治理的整体性、系统性思路。三是部门联动治理。这包括交叉治理、联合执法，通过多部门协作配合，推动形成和增强生态保护的联合力量。

（2）坚持问题导向，鼓励支持地方先行先试。立法就是要反映人民群众的声音，要具有针对性和实用性，集中力量以解决损害人民群众健康的突出环境问题为重点，加大环境治理力度。如 2021 年河北省颁布实施《白洋淀生态环境治理和保护条例》，2022 年广西壮族自治区颁布实施《关于加强生态环境保护行政执法与刑事司法衔接工作的意见》，这些都是地方对照国家的法律法规及相关规定，总结多年实践经验探索出的体现地方具体情况、符合地方发展规律的立法成果。

（3）抓好问题落实。再好的制度，如果落实不好，就形同虚设。习近平总书记强调"用最严格制度最严密法治保护生态环境""保护生态环境必须依靠制度、依靠法治"。生态环境保护法律体系和执法司法制度正逐渐形成政府主导，各部门分工负责，企业承担主体责任，社会积极参与的齐抓共管环境共同治理新格局。

第二节　资源高效利用制度

2019 年 10 月 31 日，党的十九届四中全会通过的《中共中央关于坚持和完善中国特色社会主义制度 推进国家治理体系和治理能力现代化若干重大问题的决定》强调，全面建立资源高效利用制度，"推进自然资源统一确权登记法治化、规范化、标准化、信息化，健全自然资源产权制度，落实资源有偿使用制度，实行资源总量管理和全面节约制度。健全资源节约集约循环利用政策体系。普遍实行垃圾分类和资源化利用制度。推进能源革命，构建清洁低碳、安全高效的能源体系。健全海洋资源开发保护制度。加快建立自然资源统一调查、评价、监测制度，健全自然资源监管体制"①。

1. 自然资源资产产权制度。自然资源资产产权制度是关于自然资源资产产权主体、客体、内容（权利义务）和权利取得、变更、消灭等规定的总和，包括自然资源资产的所有权、用益物权、债权等一系列权利。

2013 年 11 月 12 日，中共十八届三中全会通过的《中共中央关于全面深化改革若干重大问题的决定》提出要健全自然资源资产产权制度。2015 年 9 月 21 日，中共中央、国务院印发的《生态文明体制改革总体方案》把健全自然资源资产产权制度列为生态文明体制改革八项任务之首。2019 年 4 月，中共中央办公厅、国务院办公厅印发的《关于统筹推进自然资源资产产权制度改革的指导意见》提出自然资源资产产权制度改革的主要任务，并在推进统一确权登记、完善有偿使用、健全自然生态空间用途管制和国土空间规划、加强自然资源保护修复与节约集约利用等方面进行了积极探索。其中，农村集体产权、林权等制度改革加快推进，形成了一系列制度方案、标准规范和试点经验。以自然产权制度为重点，建设配置科学、归属清晰、权责明确的自然资源产

---

① 中共中央关于坚持和完善中国特色社会主义制度 推进国家治理体系和治理能力现代化若干重大问题的决定［N］．人民日报，2019-11-06（1）．

权制度，有助于稳步推进自然资源高水平利用，有助于建设人与自然和谐共生的现代化。

（1）健全自然资源产权制度体系。进入新时代，在习近平生态文明思想的引领下，自然资源产权制度作为加强生态保护、促进生态文明建设的重要基础性制度得到了完善，在促进自然资源集约利用和有效保护方面取得了显著成效。如中共中央办公厅、国务院办公厅印发的《关于统筹推进自然资源资产产权制度改革的指导意见》强调，"适应自然资源多种属性以及国民经济和社会发展需求，与国土空间规划和用途管制相衔接，推动自然资源资产所有权与使用权分离，加快构建分类科学的自然资源资产产权体系，着力解决权利交叉、缺位等问题"①。

（2）加强自然生态空间整体保护和系统修复。强化生态空间整体保护一定要划定并严守生态保护红线，对国土空间进行统一的管控和保护。在实施生态环境系统修复工程时，要探索合适的路径模式。中共中央办公厅、国务院办公厅印发的《关于统筹推进自然资源资产产权制度改革的指导意见》强调，"坚持政府管控与产权激励并举，增强生态修复合力。编制实施国土空间生态修复规划，建立健全山水林田湖草系统修复和综合治理机制"②。坚持生态保护优先，逐步建立政府负责、部门协作、社会参与的自然资源保护利用工作机制。

（3）建立完整的自然资源资产监管制度体系。发挥好各领域监管作用，形成一股监管合力，实现对自然资源资产全程、有效、动态的监管；对破坏生态环境的行为决不手软，对生态环境违法犯罪行为严惩重罚；对现行制度体系没涉及的领域，地方要积极开展因地制宜的探索，

---

① 中共中央办公厅，国务院办公厅. 关于统筹推进自然资源资产产权制度改革的指导意见 [J]. 中华人民共和国国务院公报，2019（12）：7.

② 中共中央办公厅，国务院办公厅. 关于统筹推进自然资源资产产权制度改革的指导意见 [J]. 中华人民共和国国务院公报，2019（12）：8.

充分积累实践经验，及时总结研究问题，争取形成可复制、可推广的制度成果。

2. 资源节约集约循环利用政策体系。实现与国家经济发展水平和市场需求相适应的资源节约集约高效利用政策机制、管理能力和主要指标，是关系民族生存根基和国家长远利益的大计。

2022 年 9 月 6 日，中央全面深化改革委员会第二十七次会议审议通过的《关于全面加强资源节约工作的意见》强调，节约资源是我国的基本国策，是维护国家资源安全、推进生态文明建设、推动高质量发展的一项重大任务。习近平总书记在会议上强调，坚持把节约资源贯穿于经济社会发展全过程、各领域，推进资源总量管理、科学配置、全面节约、循环利用，提高能源、水、粮食、土地、矿产、原材料等资源利用效率，加快资源利用方式根本转变。

进入新时代，我国对生态环境保护、资源节约集约、绿色可持续发展三者之间的关系越来越重视，资源高效利用水平稳步提高，环境质量持续改善，绿色生产、生活方式逐步形成。（1）全面加强资源节约工作。以土地、水、能源、矿产、粮食、再生资源等方面为工作重点，优化国土空间规划，落实节水控水方案、制定能源节约目标、提高矿产资源开发技术，有计划、有步骤地推进节能政策改革；发挥科技创新支撑作用，促进生产领域节能降碳；促进全社会资源节约引导，彻底改变人们的生活习惯、行为方式，让绿色低碳生活方式成为基本遵循和行动自觉。（2）加快建设节约集约综合考核体系。资源节约集约循环利用政策是经济社会发展模式绿色转型的全新路径选择，是有效控制和减少资源浪费的鲜明导向，必须按照《关于全面加强资源节约工作的意见》的要求，建立资源节约集约各领域评估考核机制，定期开展自然资源政策措施和实施效果评估与考核。

3. 清洁低碳安全高效的能源体系。清洁低碳、安全高效是现代能源体系的本质特征，也是能源系统实现现代化的总体要求。进入新时代，我国能源结构逐渐优化，新能源制造技术不断突破，绿色转型成果显著。

2022 年 1 月 29 日，国家发展改革委、国家能源局印发了《"十四五"现代能源体系规划》，阐明了"十四五"时期我国能源体系建设的指导思想、基本原则、发展目标和任务举措等问题。该《规划》强调加快推动能源绿色低碳转型。（1）大力发展非化石能源。加快发展风电、太阳能发电，因地制宜开发水电，积极安全有序发展核电，因地制宜发展其他可再生能源。（2）推动构建新型电力系统。推动电力系统向适应大规模高比例新能源方向演进，创新电网结构形态和运行模式，增强电源协调优化运行能力，加快新型储能技术规模化应用，大力提升电力负荷弹性。（3）减少能源产业碳足迹。推进化石能源开发生产环节碳减排，促进能源加工储运环节提效降碳，推动能源产业和生态治理协同发展。（4）更大力度强化节能降碳。完善能耗"双控"与碳排放控制制度，大力推动煤炭清洁高效利用，实施重点行业领域节能降碳行动，提升终端用能低碳化电气化水平，实施绿色低碳全民行动。①

该《规划》强调统筹提升区域能源发展水平。（1）推进西部清洁能源基地绿色高效开发。推动黄河流域和新疆等资源富集区煤炭、油气绿色开采和清洁高效利用，合理控制黄河流域煤炭开发强度与规模；以长江经济带上游四川、云南和西藏等地区为重点，坚持生态优先，优化大型水电开发布局，推进西电东送接续水电项目建设；积极推进多能互补的清洁能源基地建设，科学优化电源规模配比，优先利用存量常规电

---

① 国家发展改革委，国家能源局．"十四五"现代能源体系规划 [EB/OL]．国家发展改革委网站，2022-03-22．

源实施"风光水（储）""风光火（储）"等多能互补工程，大力发展风电、太阳能发电等新能源，最大化利用可再生能源。（2）提升东部和中部地区能源清洁低碳发展水平。以京津冀及周边地区、长三角、粤港澳大湾区等为重点，充分发挥区域比较优势，加快调整能源结构，开展能源生产消费绿色转型示范；安全有序推动沿海地区核电项目建设，统筹推动海上风电规模化开发，积极发展风能、太阳能、生物质能、地热能等新能源；大力发展源网荷储一体化；加强电力、天然气等清洁能源供应保障，稳步扩大区外输入规模；严格控制大气污染防治重点区域煤炭消费，在严控炼油产能规模基础上优化产能结构。①

4. 垃圾分类和资源化利用制度。解决城乡生活垃圾问题，关系着整个社会的环境保护意识，关系着生态文明建设大局。进入新时代，《生态文明体制改革总体方案》《生活垃圾分类制度实施方案》《"无废城市"建设试点工作方案》，以及修订后的《固体废物污染环境防治法》等都强调逐步实行垃圾分类和资源化利用，建立系统有效的制度体系，形成可复制、可推广的生活垃圾处理模式。

2016 年 12 月 21 日，中央财经领导小组第十四次会议提出要普遍推行生活垃圾分类制度，强调普遍推行垃圾分类制度关系着 13 亿多人生活环境改善，关系着垃圾能不能减量化、资源化、无害化处理。会议强调加快建立分类投放、分类收集、分类运输、分类处理的垃圾处理系统，形成以法治为基础、政府推动、全民参与、城乡统筹、因地制宜的垃圾分类制度。2017 年 3 月 18 日，国务院办公厅转发了国家发展改革委与住房和城乡建设部《生活垃圾分类制度实施方案》，明确了我国推进垃圾分类的总体路线图。2019 年 2 月 21 日，住房和城乡建设部在上

---

① 国家发展改革委，国家能源局."十四五"现代能源体系规划［EB/OL］.国家发展改革委网站，2022-03-22.

海召开了全国城市生活垃圾分类工作现场会，会议要求从 2019 年起，全国地级及以上城市要全面启动生活垃圾分类工作。

2020 年 11 月 27 日，住房和城乡建设部等 12 部门联合印发了《关于进一步推进生活垃圾分类工作的若干意见》，明确推进生活垃圾分类工作的主要目标是：到 2020 年底，直辖市、省会城市、计划单列市和第一批生活垃圾分类示范城市力争实现生活垃圾分类投放、分类收集基本全覆盖，分类运输体系基本建成，分类处理能力明显增强；其他地级城市初步建立生活垃圾分类推进工作机制。力争再用 5 年左右时间，基本建立配套完善的生活垃圾分类法律法规制度体系；地级及以上城市因地制宜基本建立生活垃圾分类投放、分类收集、分类运输、分类处理系统，居民普遍形成生活垃圾分类习惯；全国城市生活垃圾回收利用率达到 35% 以上。① 各地也陆续制定和实施因地制宜的垃圾管理条例，城乡垃圾分类和资源化利用制度日趋完善。

5. 海洋资源开发保护制度。从世界海洋资源开发保护总体水平来看，中国还存在开发利用程度不高、技术设备落后、海域污染严重等问题，需要构建科学的海洋生态保护开发体系。

从海洋资源开发保护统筹规划层面上看，需将海洋资源与陆地资源、海洋产业和沿海地区发展等联系起来，对海洋资源进行系统规划和开发保护。（1）指导和督促各地做好省级国土空间规划编制。2020 年 1 月 17 日，自然资源部办公厅印发《省级国土空间规划编制指南（试行）》，要求沿海地区在省级国土空间规划编制过程中加强陆海统筹，协调匹配陆地与海域功能。（2）积极推进全国国土空间规划纲要编制。以陆、海资源环境承载能力与国土空间开发适宜性评价为基础，促进实

---

① 住房和城乡建设部等．关于进一步推进生活垃圾分类工作的若干意见 ［J］. 中华人民共和国国务院公报，2021（2）：61.

现以生态优先、绿色发展为导向的高质量发展。（3）研究编制全国海岸带综合保护与利用规划。统筹海岸带陆海空间功能分区，实施以生态系统为基础的海岸带综合管理，建立完善综合管理评估体系，推动海岸带地区生态、社会、经济的协调发展。

从海洋资源开发保护法律法规层面上看，中国政府一直在积极探索海洋资源开发保护制度化建设。（1）健全海洋资源保护制度。为落实《中共中央关于坚持和完善中国特色社会主义制度 推进国家治理体系和治理能力现代化若干重大问题的决定》相关要求，国家相关部门积极梳理现有法律法规、规范性文件和政策性文件，组织推进海洋资源保护相关法律法规修订完善工作。（2）推进"湾长制"试点工作。自2017年起，在河北秦皇岛、山东胶州湾、江苏连云港、海南海口和浙江全省开展"湾长制"试点工作。2018年和2019年，各试点污染物排放管控取得良好成效。目前，需要进一步围绕陆海污染物排放、海洋空间资源管控和景观整治、海洋生态保护和修复、海洋灾害风险防范、执法监管等推进"湾长制"建设相关工作，编制《全国"湾长制"试点工作综合评估报告》。

从海洋资源开发保护技术支撑层面上看，要继续实施科技兴海战略，将依靠科学技术切实落实到各项海洋资源开发保护工作上。（1）构建海洋立体观测网络。聚焦国家生态文明建设、防灾减灾等战略需求，对标国际先进水平，继续拓展观测领域，加大卫星、雷达、无人机等新技术新手段应用，努力构建布局更加合理、技术更加先进、体系更加完整、运行更加高效的全球海洋立体观测网。（2）承担海洋领域重大科技任务。大力发展天然气水合物、海洋环境调查监测技术装备，以及海洋监测及预报等关键技术和重大装备的研发和应用；落实《国家民用空间基础设施中长期发展规划（2015-2025年）》，主持建造系列海洋观测卫星，加强海洋卫星地面应用系统建设。（3）推进海洋创新技术成果转化应用。实施海水淡化规模化应用示范工程和海洋能海岛应用示范工程，支持海洋创新药物研发，推动海洋药物和生物制品产业科技创新和成果转化。

6. 自然资源统一调查评价监测制度。构建自然资源调查评价监测体系，统一自然资源分类标准，依法组织开展自然资源调查监测评价，查清我国各类自然资源家底和变化情况，为科学编制国土空间规划，实现山水林田湖草的整体保护、系统修复和综合治理，保障国家生态安全提供基础支撑。

2020 年 1 月 17 日，自然资源部印发了《自然资源调查监测体系构建总体方案》，明确了自然资源调查监测工作的任务书、时间表，为加快建立自然资源统一调查、评价、监测制度，健全自然资源监管体制，切实履行自然资源统一调查监测职责提供了重要遵循和行动指南。该《方案》将土地、矿产、海洋、森林、草原、湿地、水资源全部整合到自然资源部负责，更适应生态文明建设的本质需要。该《方案》明确了自然资源调查监测体系构建的工作任务是建立自然资源分类标准，构建调查监测系列规范；调查我国自然资源状况，包括种类、数量、质量、空间分布等；监测自然资源动态变化情况；建设调查监测数据库，建成自然资源日常管理所需的"一张底版、一套数据、一个平台"；分析评价自然资源调查监测数据，科学分析和客观评价自然资源和生态环境保护修复治理利用的效率。

该《方案》对各类自然资源要素进行分层分类，即第一层为地表基质层，是地球表层孕育和支撑森林、草原、水、湿地等各类自然资源的基础物质；第二层为地表覆盖层，根据自然资源在地表的实际覆盖情况，将地球表面（含海水覆盖区）划分为耕作地、森林、草原、湿地和水域、建筑等，并根据各类自然资源特有属性及特征指标等进行属性描述；第三层为管理层，是在地表覆盖层上叠加审批管理和资源利用等界线所形成的分层，体现各类自然资源的利用、管理等情况。地表基质层、地表覆盖层、管理层共同构成一个完整的支撑生产、生活、生态的立体空间，实现对自然资源的立体化、精细化综合管理。地表以下还有地下资源层，主要是地下矿产资源及地下空间资源，通过坐标位置与上述三层建立空间关系。①

第三节　自然生态保护修复制度

自然生态保护修复制度是指对自然生态系统停止人为干扰或辅以人工措施，使遭到破坏的自然生态系统得以恢复，其主要内容包括构建以国家公园为主体的自然保护地体系、加强黄河长江等流域生态保护与系统治理、开展大规模国土绿化行动、保护生物多样性。

1. 以国家公园为主体的自然保护地体系。以国家公园为主体的自然保护地体系在生态文明建设中处于重要地位，是维护国家生态安全过程中的重要一环，对坚持人与自然和谐共生起到重要作用。

2015 年以来，国家公园体制试点工作扎实推进，自然保护地管理体制和建设发展机制逐步完善，陆续启动了三江源、东北虎豹、大熊猫、祁连山、海南热带雨林等 10 个国家公园体制试点，扎实推进试点区内矿业权、小水电、永久基本农田、人工商品林分类处置，稳妥开展生态移民搬迁，探索自然资源统一确权，加强生态修复和资源管护，基

---

① 自然资源部. 自然资源调查监测体系构建总体方案［EB/OL］. 中国政府网，2020-01-18.

本形成国家公园制度体系和管理体制，为全面建设国家公园奠定了坚实基础。

2021 年 10 月 12 日，习近平主席在《生物多样性公约》第十五次缔约方大会领导人峰会上宣布，中国正式设立三江源、大熊猫、东北虎豹、海南热带雨林、武夷山等第一批国家公园。随即，国务院批准这 5 个国家公园设立方案，范围涉及青海、四川、吉林、海南、福建等 10 个省份，保护面积达 23 万平方公里，涵盖近 30% 的陆域国家重点保护野生动植物种类。第一批国家公园的设立，标志着国家公园这项重大制度创新落地生根，国家公园建设迈入新阶段。

2022 年 9 月 17 日，国务院批复了自然资源部报送的《国家公园空间布局方案》，其确定了国家公园建设的发展目标、空间布局、创建设立、主要任务和实施保障等内容。这项《方案》将我国自然生态系统最重要、自然景观最独特、自然遗产最精华、生物多样性最富集的区域纳入国家公园体系，遴选出 49 个国家公园候选区（含正式设立的 5 个国家公园），其中陆域 44 个、陆海统筹 2 个、海域 3 个，总面积约 110 万平方公里。青藏高原国家公园群占国家公园候选区总面积的 70%，在黄河、长江流域分别布局 9 个、11 个国家公园，候选区直接涉及省份 28 个，涉及现有自然保护地 700 多个，保护了超 80% 的国家重点保护野生动植物物种及其栖息地。①

2. 黄河长江等流域生态保护与系统治理。黄河长江等流域生态保护与系统治理是治国兴邦的重要支撑，需要一代又一代人不懈的探索和努力。近年来，黄河长江等流域生态保护与系统治理取得了巨大成就，但仍存在一些突出问题。

2022 年 8 月 5 日，生态环境部会同相关部门和单位联合印发了

---

① 黄山.《国家公园空间布局方案》印发［N］. 中国绿色时报，2022-12-30（1）.

《黄河生态保护治理攻坚战行动方案》，强调坚持生态优先、保护优先原则，科学把握上中下游的差异，实施分区分类保护治理，系统推进重点河湖自然生态保护修复和工业、城乡生活、农业、矿区等污染治理，促进河流生态系统健康。该《方案》提出其主要任务包括河湖生态保护治理行动、减污降碳协同增效行动、城镇环境治理设施补短板行动、农业农村环境治理行动、生态保护修复行动；要加强黄河生态保护法治保障，加快推进黄河流域省市出台相关法规，严格落实生态环境破坏问题赔偿制度；建立完善的生态环境破坏问题监督机制，依法依规查处生态环境污染重大问题，打击破坏黄河生态环境犯罪活动，开展黄河生态环境质量监测评估。①

2022 年 8 月 31 日，生态环境部会同相关部门和单位联合印发了《深入打好长江保护修复攻坚战行动方案》，该《方案》涉及范围包括长江经济带上海、江苏、浙江、安徽、江西等 11 省（市），以及长江干流、支流和湖泊形成的集水区域所涉及的青海省、西藏自治区、甘肃省、陕西省、河南省、广西壮族自治区的相关县级行政区域。《深入打好长江保护修复攻坚战行动方案》强调坚持生态优先、统筹兼顾的原则，实施综合治理、系统治理、源头治理，突出精准、科学、依法治污，尤其注重多元共治、落实责任。②

3. 国土绿化行动。进入新时代，国家持续开展大规模国土绿化行动，森林、草原、湿地、荒漠生态系统质量和稳定性持续向好发展，绿色越来越成为美丽中国的亮丽底色。

2018 年 11 月 13 日，全国绿化委员会、国家林业和草原局印发了

---

① 生态环境部等. 黄河生态保护治理攻坚战行动方案［EB/OL］. 中国政府网，2022-09-19.

② 生态环境部等. 深入打好长江保护修复攻坚战行动方案［EB/OL］. 中国政府网，2022-09-19.

《关于积极推进大规模国土绿化行动的意见》，明确推进大规模国土绿化行动的主要目标是：到 2020 年，生态环境总体改善，生态安全屏障基本形成，即森林覆盖率达到 23.04%，森林蓄积量达到 165 亿立方米，每公顷森林蓄积量达到 95 立方米，主要造林树种良种使用率达到 70%，村庄绿化覆盖率达到 30%，草原综合植被盖度达到 56%，新增沙化土地治理面积 1000 万公顷；到 2035 年，国土生态安全骨架基本形成，生态服务功能和生态承载力明显提升，生态状况根本好转，美丽中国目标基本实现；到 2050 年，迈入林业发达国家行列，生态文明全面提升，实现人与自然和谐共生。①

该《意见》强调实施重大生态修复工程，以大工程带动国土绿化，即深入推进退耕还林还草工程，着力加强三北等防护林体系工程建设，加快国家储备林建设，持续推进防治荒漠化工程，着力强化草原保护与修复工程，开展乡村绿化行动，稳步推进城市绿化；积极推进社会造林，引导各类主体参与国土绿化，即深入开展全民义务植树，协同推进部门（系统）绿化，鼓励引导社会力量参与造林；强化森林、草原经营管理，精准提升生态资源质量，即切实提高造林种草质量，精准提升林草资源质量，加强退化林修复；加强生态资源保护，维护国土生态安全，即全面加强天然林保护，着力巩固森林资源成果，不断强化草原资源保护，全面加强森林草原灾害防控，加大古树名木保护力度；完善政策机制，培育国土绿化新动能，即合理安排公共财政投入，完善金融支持政策，创新森林采伐和林地管理机制；强化保障措施，促进国土绿化科学健康发展，即加强组织领导，培育使用优质种苗，强化科技支撑，

---

① 全国绿化委员会等. 关于积极推进大规模国土绿化行动的意见［EB/OL］. 中国政府网，2018-11-20.

加大宣传力度。①

4. 生物多样性保护。生物多样性是生物（动物、植物、微生物）与环境形成的生态复合体以及与此相关的各种生态过程的总和，包括生态系统、物种和基因三个层次。生物多样性关系人类福祉，是人类赖以生存和发展的重要基础。

2021 年 10 月 8 日，国务院新闻办公室发布了《中国的生物多样性保护》白皮书，介绍了中国政府提高生物多样性保护成效，即优化就地保护体系，完善迁地保护体系，加强生物安全管理，改善生态环境质量，协同推进绿色发展；介绍了中国政府提升生物多样性治理能力，即完善政策法规，强化能力保障，加强执法监督，倡导全民行动；介绍了中国政府深化全球生物多样性保护合作，即积极履行国际公约，增进国际交流合作。该白皮书指出：中国将生物多样性保护上升为国家战略，完善生物多样性政策法规体系，颁布和修订野生动物保护法、环境保护法等 20 余部与生物多样性相关的法律。该白皮书强调中国生物多样性保护以建设美丽中国为目标，积极适应新形势新要求，不断加强和创新生物多样性保护举措，持续完善生物多样性保护体制，努力促进人与自然、人与人、人与社会和谐共生、良性循环、全面发展、持续繁荣；面对全球生物多样性丧失和生态系统退化，中国秉持人与自然和谐共生理念，坚持保护优先、绿色发展，形成了政府主导、全民参与，多边治理、合作共赢的机制，推动中国生物多样性保护不断取得新成效，为应对全球生物多样性挑战作出新贡献。

当前，全球物种灭绝速度不断加快，生物多样性丧失和生态系统退化对人类生存和发展构成重大风险。中国在坚定保护本国生物多样性的

---

① 全国绿化委员会等. 关于积极推进大规模国土绿化行动的意见［EB/OL］. 中国政府网，2018-11-20.

同时，也为构建地球生命共同体提供了中国方案。在联合国《生物多样性公约》缔约方大会第十五次会议第二阶段会议即将开幕之际，最高人民法院发布《中国生物多样性司法保护》报告和 15 个生物多样性司法保护典型案例。面对生物多样性丧失的全球性挑战，世界各国是同舟共济的命运共同体。中国坚定践行多边主义，积极开展生物多样性保护国际合作，广泛协商、凝聚共识，为推进全球生物多样性保护贡献中国智慧，与国际社会共同构建人与自然生命共同体。

第四节 生态环境保护责任制度

生态文明建设涉及多个领域、多个方面，国家相关部门陆续推出了符合各部门要求的指标体系，但各部门之间缺乏统筹协调，指标体系存在矛盾或重复的情况。所以，构建一套科学完善、覆盖全面的生态环境保护责任制度，有助于增强生态文明的合力和应对解决多样化资源环境问题。

1. 生态文明建设目标评价考核制度。构建统一的生态文明建设目标评价考核制度体系，既是生态文明体制改革的重要内容，也是实现生态文明建设领域治理体系和治理能力现代化的重要制度安排。生态文明建设的成效如何，党中央国务院确定的重大目标任务有没有实现，老百姓在生态环境改善上有没有获得感，需要一把尺子来衡量、来检验。

2016 年 12 月，中共中央办公厅、国务院办公厅印发《生态文明建设目标评价考核办法》，这是我国首次建立生态文明建设目标评价考核制度。目标评价考核采用百分制评分和约束性指标完成情况等相结合的方法，考核结果划分为优秀、良好、合格、不合格四个等级，并将其纳入党政领导干部评价考核体系。这意味着生态责任落实的好坏将成为政绩考核的必考题，这将为推动绿色发展和生态文明建设提供坚强保障。该《办法》规定，年度评价考核按照绿色发展指标体系要求实施，主要评估各地区资源利用、环境治理、环境质量、生态保护、增长质量、绿色生活、公众满意程度等方面的变化趋势和动态进展，生成各地区绿色发展指数。① 该《办法》的实施有利于完善经济社会发展评价体系，把资源消耗、环境损害、生态效益等指标的情况反映出来，更加全面地衡量发展的质量和效益，特别是发展的绿色化水平。

2. 生态环境保护督察制度。生态环境保护督察是重要的生态环境监管问责制度，对加强生态文明建设、解决环境污染和生态破坏问题都具有重要的意义。

2015 年 8 月 30 日，中共中央办公厅、国务院办公厅印发了《环境保护督察方案（试行）》，正式建立中央生态环境保护督察制度。2019年 6 月，中共中央办公厅、国务院办公厅印发《中央生态环境保护督察工作规定》。这是生态环境保护领域的第一部党内法规，丰富和完善了督察的顶层设计。与 2015 年印发的《环境保护督察方案（试行）》相比，《中央生态环境保护督察工作规定》有三个方面的变化。（1）更加强调督察工作要坚持和加强党的全面领导。（2）更加突出纪律责任，既对被督察对象提出了纪律要求，也对中央生态环境保护督察组、督察人员等提出了明确要求。（3）更加丰富和完善了督察的顶层设计。如明确中央生态环境保护督察是中央级、省级两级督察体制，进一步明确三种督察方式，例行督察、专项督察、"回头看"等。

2022 年 1 月 31 日，中共中央办公厅、国务院办公厅印发了《中央

---

① 中共中央办公厅，国务院办公厅. 生态文明建设目标评价考核办法 [J]. 中华人民共和国国务院公报，2017（2）：5.

生态环境保护督察整改工作办法》，进一步明确职责分工、规范工作程序、加强监督保障，推进督察整改工作的规范化、制度化，完善督察整改工作长效机制，形成发现问题、解决问题的督察整改管理闭环。目前，环境保护督查工作采取听取情况介绍、调阅资料、个别谈话、走访问询、受理举报、现场抽查、下沉督察等方式，充分体现了党中央、国务院推进生态文明建设、加强生态环境保护工作的坚强意志和坚定决心。

3. 生态环境监测和评价制度。健全的生态环境监测与评价制度可以得出准确的数据和研究结果，可以准确量化生态建设成效，客观评估自然生态系统的主要生态服务功能，全面把握生态环境建设发展趋势。进入新时代，党中央高度重视生态环境监测工作，推出并实施了一系列制度性改革创新，包括推进生态环境监测网络建设、实行省以下环保机构监测监察执法垂直管理制度、持续开展环境监测质量监督检查等一批重要举措。

2021年12月28日，生态环境部印发《"十四五"生态环境监测规划》，全面强化了生态环境质量持续改善和推动减污降碳协同增效的监测支撑。该《规划》强调立足支撑管理，紧紧围绕以生态环境高水平保护推动经济高质量发展，着眼统筹支撑污染治理、生态保护、应对气候变化和集中攻克人民群众身边的生态环境问题，全面谋划碳监测和大气、地表水、地下水、土壤、海洋、声、辐射、新污染物等环境质量监测、生态质量监测、污染源监测业务，推进监测网络陆海天空、地上地下、城市农村协同布局和高效发展，充分发挥生态环境监测的支撑、引领、服务作用。该《规划》强调立足提升能力，紧紧围绕现代生态环境治理体系建设目标，系统谋划生态环境监测体系改革创新，健全监测与评价制度，加快构建政府主导、部门协同、企业履责、社会参与、公众监督的"大监测"格局，完善体制机制，筑牢数据根基，深化评价应用，激发创新活力，增强内生动力，实施监测网络和机构能力建设重大工程，夯实基础能力，锻造铁军先锋，加快实现生态环境监测现代化。①

4. 生态环境公益诉讼制度。生态环境公益诉讼始于 20 世纪 80 年代，是在地方试点基础上逐步形成和发展起来的一项新诉讼制度。2012 年修订的《民事诉讼法》第 55 条，首次将环境公益诉讼作为公益诉讼核心领域加以规定。2014 年修订的《环境保护法》及其相关单行法、2017 年修订的《行政诉讼法》、2021 年开始实施的《民法典》都进一步丰富了环境公益诉讼制度。2020 年，深圳市人大常委会颁布了全国首个环境公益诉讼地方立法——《深圳经济特区生态环境公益诉讼规定》。

环境公益诉讼获得立法后，体现出强大的生命力，在全国各级各类法院普遍得以实施，也得到社会各方面的普遍认同。党的二十大提出了"完善公益诉讼制度"的新要求，这既充分肯定了公益诉讼制度及其实践探索取得的成就，也对进一步发展完善公益诉讼制度提出了新的更高要求。各级司法机关要在回应生态环境法治实践的现实需要过程中，不断丰富公益诉讼的实践样态，推进环境公益诉讼裁判规则体系化，持续巩固生态环境公益保护的司法实践成果。

5. 生态环境损害赔偿制度。生态环境损害赔偿制度以"环境有价、损害担责"为基本原则，以及时修复受损生态环境为重点，是破解"企业污染、群众受害、政府买单"的有效手段，是切实维护人民群众环境权益的坚实制度保障。

---

① 生态环境部."十四五"生态环境监测规划［EB/OL］.生态环境部网站，2021-01-21.

2015 年 12 月 3 日，中共中央办公厅、国务院办公厅印发了《生态环境损害赔偿制度改革试点方案》，通过试点逐步明确生态环境损害赔偿范围、责任主体、索赔主体和损害赔偿解决途径等，形成相应的鉴定评估管理与技术体系、资金保障及运行机制，探索建立生态环境损害的修复和赔偿制度，加快推进生态文明建设。2017 年 12 月，中共中央办公厅、国务院办公厅印发《生态环境损害赔偿制度改革方案》，提出自2018 年 1 月 1 日起在全国试行生态环境损害赔偿制度；到 2020 年，力争在全国范围内初步构建责任明确、途径畅通、技术规范、保障有力、赔偿到位、修复有效的生态环境损害赔偿制度。2021 年 1 月 1 日开始实施的《民法典》规定了生态环境损害赔偿责任，将生态环境损害赔偿责任上升为国家法律。为了解决生态环境损害赔偿工作中存在的责任落实不到位、部门联动不足、程序规则有待规范等问题，2022 年 4 月 26日，生态环境部等联合印发了《生态环境损害赔偿管理规定》，强化了地方党政责任的落实，明确了牵头部门和工作联动，统一规范了赔偿工作程序，促进了生态环境损害赔偿工作在法治的轨道上实现常态化、规范化、科学化，推动了生态环境损害赔偿制度全面落地见效。①

6. 生态环境损害责任终身追究制度。生态环境保护能否落到实处，关键在领导干部。2015 年 8 月，中共中央办公厅、国务院办公厅印发《党政领导干部生态环境损害责任追究办法（试行）》，强调实行生态环境损害责任终身追究制，即对违背科学发展要求、造成生态环境和资源严重破坏的，责任人不论是否已调离、提拔或者退休，都必须严格追责。②

---

① 生态环境部等. 生态环境损害赔偿管理规定［J］. 中华人民共和国国务院公报，2022（21）：33-37.

② 中共中央办公厅，国务院办公厅. 党政领导干部生态环境损害责任追究办法（试行）［J］. 中华人民共和国国务院公报，2015（25）：6.

该《办法（试行）》明确党政领导干部生态环境损害责任追究形式有：诫勉、责令公开道歉；组织处理，包括调离岗位、引咎辞职、责令辞职、免职、降职等；党纪政纪处分。其中，组织处理和党纪政纪处分可以单独使用，也可以同时使用；追责对象涉嫌犯罪的，应当及时移送司法机关依法处理。该《办法（试行）》对于加强党政领导干部损害生态环境行为的责任追究，促进各级领导干部牢固树立尊重自然、顺应自然、保护自然的生态文明理念，增强各级领导干部保护生态环境、改善生态环境的责任意识和担当意识，推动生态环境领域的依法治理，推进生态文明建设，都具有十分重要的意义。该《办法（试行）》是督促领导干部在生态环境领域正确履职用权的一把制度利剑、一道制度屏障，通过明晰领导干部在生态环境领域的责任红线，从而实现有权必有责、用权受监督、违规要追究。生态环境保护责任体系实现了历史性突破，包括党政同责，一岗双责，管发展必须管环保、管行业必须管环保，生态环境损害责任实行终身追责。

第三章　开展生态文明建设试点示范

开展生态文明示范工程试点，探索人与自然和谐发展的有效途径；设立生态文明先行示范区，探索符合国情的生态文明建设模式；设立统一规范的国家生态文明试验区，开展生态文明体制改革综合试验，规范各类试点示范，为完善生态文明制度体系探索路径、积累经验。

第一节　生态文明示范工程

2010 年 6 月 29 日，中共中央、国务院印发的《关于深入实施西部大开发战略的若干意见》提出要"选择一批有代表性的市、县开展生态文明示范工程试点"①。2011 年 8 月 12 日，国家发展改革委、财政部、国家林业局联合印发了《关于开展西部地区生态文明示范工程试点的实施意见》，明确了开展生态文明示范工程试点的重要意义、指导思想、主要目标、实施范围和期限、主要任务、配套政策和组织实施等问题。

---

① 中共中央文献研究室. 十七大以来重要文献选编（中）［M］. 北京：中央文献出版社，2011：828.

1. 生态文明示范工程试点主要目标。到 2015 年，试点市、县林草覆盖率达到 50％以上，城镇污水处理率和垃圾无害化处理率均达到 90％，有机、绿色及无公害农产品种植面积的比重达到 70％，工业固体废物综合利用率超过 65％，万元 GDP 能耗低于本省区平均水平，农业灌溉用水有效利用系数高于 0.55，主要污染物排放强度低于本省区平均水平；节约能源资源和保护生态环境的体制机制、产业结构、增长方式、消费模式基本形成，生态文明观念牢固树立。①

2. 生态文明示范工程试点范围期限。生态文明示范工程试点优先在西部限制开发区域中人口资源环境条件较好、产业结构比较合理、转变经济发展方式和优化消费模式具备一定基础的市、县实施。区分重点开发区域、优化开发区域和限制开发区域，制定具体的试点市、县选择指标体系和目标要求，探索不同区域建设生态文明的有效途径。试点期限为 2011 年至 2015 年。试点市、县总数控制在 50 个左右，取得试点经验后逐步扩大实施范围。②

3. 生态文明示范工程试点主要任务。（1）加强生态建设和环境保护。巩固退耕还林成果，加快实施退牧还草、天然林资源保护、防护林体系建设、水土流失综合治理、湿地保护与恢复工程等重点生态建设工程，努力提高林草植被盖度，增强涵养水源、保持水土、防风固沙、维护生物多样性等生态功能。加强水源保护，确保饮水水质安全。加强环境保护基础设施建设，着力开展水污染防治和垃圾处理，健全生态环境监测体系。加大生态功能区保护力度，增强生态系统服务功能的稳定性和可持续性。（2）加快转变经济发展方式。全面贯彻落实节约资源和

---

① 国家发展改革委等．关于开展西部地区生态文明示范工程试点的实施意见［EB/OL］．中国政府网，2011-08-20.
② 国家发展改革委等．关于开展西部地区生态文明示范工程试点的实施意见［EB/OL］．中国政府网，2011-08-20.

保护环境的基本国策，深入实施可持续发展战略，推动经济从高耗能、高排放、低效益的粗放型增长方式向低耗能、低排放、高效益的集约型增长方式转变。大力发展生态旅游业等地方特色明显并具有市场竞争力的特色优势产业，逐步培育成当地的支柱产业。加快发展服务业，大幅度提高服务业对地方经济发展的带动作用。大力发展高产、优质、高效、生态、安全农业，推广清洁环保生产方式，治理农业面源污染。因地制宜发展绿色经济、循环经济，推动形成多种形式的生态经济发展模式，逐步提高循环经济在地区经济中的比重。（3）努力优化消费模式。加大生态文明的宣传力度，使绿色环保消费的意识深入人心，抵制不利于生态环境保护的消费行为。鼓励试点市、县出台促进绿色环保消费的激励政策，加大非环保产品的消费成本，引导消费者选择经济适用的绿色环保产品。强化节水节电措施，积极推广生物质能、太阳能、风能等绿色能源，提高可再生能源在能源消费中的比重。①

4. 生态文明示范工程试点配套政策。（1）现有政策向试点市、县倾斜。各省（区、市）在分解国家生态建设工程投资时适当向试点市、县倾斜，同等条件下优先安排建设任务。试点市、县内符合条件的生态公益林，根据公益林区划界定有关规定纳入森林生态效益补偿范围，中央财政继续加大对试点市县的均衡性转移支付支持力度。加大集镇供水、城镇污水和垃圾处理、沼气建设、农村面源污染治理、灌区节水改造等基本建设投资，支持节能减排、循环经济发展等补助资金向试点市、县适当倾斜。（2）健全生态文明试点激励约束机制。国家建立健全生态文明试点激励约束机制，每年根据考核结果加大对试点市、县的奖惩力度。按照谁开发谁保护、谁受益谁补偿的原则，优先在试点市、

---

① 国家发展改革委等．关于开展西部地区生态文明示范工程试点的实施意见［EB/OL］．中国政府网，2011-08-20.

县建立健全森林、草原、湿地、流域和矿产资源开发等领域的生态补偿机制。①

5. 生态文明示范工程试点组织实施。（1）建立试点市、县的评价体系。为科学评估生态文明示范工程试点市、县的工作成效，选取人口资源环境方面的主要指标，建立生态文明示范工程试点市县评价指标体系。评价指标按照国家统计部门公布的统计数据计算，统计部门没有公布数据的指标，以行业主管部门认定的数据计算。（2）申报审批。采取市、县自愿申报，省级发展改革委会同财政、林业部门推荐，国家发展改革委会同财政部、林业局等有关部门审批的办法确定试点市、县。省级发展改革委会同财政、林业等有关部门，根据评价指标体系对申报试点市、县进行初步审查，组织符合条件的市、县编制5年期试点实施规划，提出试点的目标、主要任务和保障措施，由省级发展改革委于2011年11月底前统一上报国家发展改革委。国家发展改革委会同财政部、林业局等有关部门组织有关专家对试点实施规划进行审核批复。（3）考核评价。经批准开展试点的市、县，由国家发展改革委会同财政部、林业局等有关部门定期组织考核。考核不合格的试点市、县，不能享受试点的相关扶持政策。连续两次考核不合格的，取消试点市、县资格。试点期满后，经考核合格的试点市、县，通过生态补偿等方式给予适当奖励，并享受相关政策。②

2011年11月8日，国家发展改革委办公厅、财政部办公厅、国家林业局办公室联合印发的《关于报送西部地区生态文明示范工程试点市、县申报材料的通知》，提出了《生态文明示范工程试点市县选择评

---

① 国家发展改革委等．关于开展西部地区生态文明示范工程试点的实施意见［EB/OL］．中国政府网，2011-08-20.

② 国家发展改革委等．关于开展西部地区生态文明示范工程试点的实施意见［EB/OL］．中国政府网，2011-08-20.

价指标体系》《生态文明示范工程试点市县考核办法》《生态文明示范工程试点实施规划参考大纲》。该《通知》进一步明确了以下几个问题：（1）申报审批程序。（2）申报试点市、县的要求。（3）报送的材料和时间要求。①

2012 年 4 月 1 日，国家发展改革委、财政部、国家林业局联合发布了《关于同意内蒙古乌兰察布市等 13 个市和重庆巫山县等 74 个县开展生态文明示范工程试点的批复》，同意内蒙古乌兰察布市等 13 个市（州、盟）和重庆巫山县等 74 个县（市、区、旗、团）开展全国生态文明示范工程试点，具体包括：重庆——巫山县、武隆县、铜梁县、潼南县、开县、忠县、酉阳土家族苗族自治县；四川——雅安市、通江县、南部县、洪雅县、沐川县、西充县、西昌市、资中县、青白江区；贵州——雷山县、印江土家族苗族自治县、荔波县、剑河县、石阡县；云南——西双版纳傣族自治州、文山壮族苗族自治州，玉龙纳西族自治县、东川区、屏边苗族自治县、武定县、思茅区；西藏——米林县、工布江达县、噶尔县；陕西——吴起县、镇安县、蓝田县、西乡县、宁陕县；甘肃——张掖市、陇南市、甘南藏族自治州、永靖县、渭源县、天祝藏族自治县；青海——循化撒拉族自治县、贵德县、互助土族自治县、民和回族土族自治县；宁夏——固原市，灵武市、大武口区；新疆——温泉县、裕民县、泽普县、博湖县、哈巴河县；内蒙古——乌兰察布市、兴安盟、伊金霍洛旗、林西县、新巴尔虎右旗、多伦县；广西——巴马瑶族自治县、灌阳县、平乐县、天峨县、资源县、西林县、恭城瑶族自治县；新疆生产建设兵团——41 团、83 团、150 团、165团；吉林——延吉市、龙井市、图们市；黑龙江——爱辉区、绥芬河

---

① 国家发展改革委办公厅等．关于报送西部地区生态文明示范工程试点市、县申报材料的通知［EB/OL］．国家发展改革委网站，2011-11-15．

市；江西——景德镇市，瑞金市、上犹县；湖北——恩施土家族苗族自治州、十堰市，神农架林区；湖南——湘西土家族苗族自治州，隆回县、宁远县；海南——保亭黎族苗族自治县、白沙黎族自治县。该《批复》再次强调了以下几个问题。

1. 试点的总体要求。各试点市县要围绕建设生态文明的主要目标，以科学发展为主题，以加快转变经济发展方式为主线，以保护生态环境为前提，以调整产业结构、优化消费模式为重要抓手，以构建生态保护优先的绩效评价体系为关键环节，从试点市县的实际出发，着力加强生态建设和环境保护，大力开展生态修复和污染防治，增强生态产品生产能力；因地制宜发展绿色经济、循环经济等地方特色明显并具有市场竞争力的优势产业，推动形成有利于保护生态环境的产业结构；着力构建生态文化推广体系，积极引导消费者选择经济适用的绿色环保产品，牢固树立生态文明意识；健全生态环境监测评估体系，明显提高生态环境质量在政绩考核中的权重，逐步完善建设生态文明的体制机制保障。通过开展试点，探索不同主体功能区域建设生态文明的有效途径，促进经济社会发展与资源环境相协调，实现可持续发展。①

2. 落实好试点的配套政策。为支持生态文明示范工程试点工作，从 2012 年起中央财政对试点市县安排一定引导资金，支持有关市县开展生态文明建设试点，并根据考核结果逐步完善激励约束机制。有关省（区、市）要按照国家发展改革委、财政部、国家林业局《关于开展西部地区生态文明示范工程试点的实施意见》的要求，在分解国家生态建设工程等资金时适当向试点市县倾斜，同等条件下优先安排建设任务，支持节能减排、循环经济发展等补助资金也要向试点市县适当倾

---

① 国家发展改革委等. 关于同意内蒙古乌兰察布市等 13 个市和重庆巫山县等 74 个县开展生态文明示范工程试点的批复［EB/OL］. 国家发展改革委网站，2012-04-11.

斜。有条件的地方，要安排一定资金，专项用于支持生态文明建设。各试点市县要管好用好引导资金，把资金真正用到建设生态文明的主要任务上。要加强资金统筹，在遵守各专项资金使用管理规定的前提下，统筹使用相关渠道资金支持生态文明建设，发挥资金投入的整体效益。各试点市县也要加大生态文明建设的投入力度，积极创造条件吸引社会资金参与生态文明建设。①

3. 抓紧落实试点主要建设任务。有关省（区、市）发展改革委要会同财政、林业等部门，组织试点市县认真完善试点实施规划，合理确定试点目标，落实重点建设任务，明确切实有效的保障措施，实施规划将作为考核的依据。要根据实施规划，梳理形成试点任务汇总表，明确实施进度安排，并抄报国家发展改革委、财政部、国家林业局。有关市县要制定试点工作方案，落实部门职责，将试点目标和任务层层分解，责任到人。②

4. 加强试点成效的考核评估。2014 年上半年，国家发展改革委将会同财政部、国家林业局对试点市县进行中期考核，考核要求按照完成目标任务的 50% 掌握，考核结果将作为奖罚的重要依据。2016 年上半年，将对试点市县进行终期考核，考核合格的市县授予全国生态文明示范市县称号，加大相关扶持政策力度。有关省（区、市）发展改革委要会同财政、林业等部门，每年对试点市县进行一次考核，检查试点市县实施规划落实情况，并于次年 2 月底前，向国家发展改革委、财政部、国家林业局报送上年度生态文明试点情况报告。③

---

① 国家发展改革委等 . 关于同意内蒙古乌兰察布市等 13 个市和重庆巫山县等 74 个县开展生态文明示范工程试点的批复［EB/OL］. 国家发展改革委网站，2012-04-11.
② 国家发展改革委等 . 关于同意内蒙古乌兰察布市等 13 个市和重庆巫山县等 74 个县开展生态文明示范工程试点的批复［EB/OL］. 国家发展改革委网站，2012-04-11.
③ 国家发展改革委等 . 关于同意内蒙古乌兰察布市等 13 个市和重庆巫山县等 74 个县开展生态文明示范工程试点的批复［EB/OL］. 国家发展改革委网站，2012-04-11.

5. 认真总结推广试点经验。有关省（区、市）发展改革委要会同财政、林业等部门，结合年度考核和评估工作，认真总结试点市县加强生态环境保护和建设，转变经济发展方式，优化消费模式，健全体制机制等方面的成功经验，逐步在本省（区、市）推广。国家发展改革委将会同财政部、国家林业局适时召开生态文明建设现场会（座谈会），总结推广试点经验，指导试点市县深入开展生态文明建设。有关地方要加强生态文明建设相关基础研究，围绕生态文明的科学内涵，建设生态文明的主要目标、重点任务和关键措施，以及生态文明实现程度评估办法等问题，结合试点工作进行深入研究，形成相关政策建议。①

第二节　生态文明先行示范区

2013 年 8 月 1 日，国务院印发《关于加快发展节能环保产业的意见》，提出"在做好生态文明建设顶层设计和总体部署的同时，总结有效做法和成功经验，开展生态文明先行示范区建设。根据不同区域特点，在全国选择有代表性的 100 个地区开展生态文明先行示范区建设，探索符合我国国情的生态文明建设模式"②。同年 12 月 2 日，国家发展改革委等 6 部门联合印发《国家生态文明先行示范区建设方案（试行）》，要求各省（区、市）"认真组织先行示范地区申报（本次申报以省级以下地区为主，每个省、自治区、直辖市申报不超过 2 个地区，并排出顺序，超过 2 个的不予受理），做好建设实施方案的编制工作，

---

① 国家发展改革委等. 关于同意内蒙古乌兰察布市等 13 个市和重庆巫山县等 74 个县开展生态文明示范工程试点的批复 [EB/OL]. 国家发展改革委网站，2012-04-11.

② 国务院. 关于加快发展节能环保产业的意见 [J]. 中华人民共和国国务院公报，2013（23）：17.

报经省级人民政府同意后，于 2014 年 2 月 17 日前，报送国家发展改革委（环资司）。国家发展改革委、财政部、国土资源部、水利部、农业部、国家林业局将根据各地申报情况，确定生态文明先行示范区建设第一批名单"①。该《方案（试行）》还明确了生态文明先行示范区建设的重要意义、总体要求、主要目标、主要任务、申报条件、审核批准、方案实施、考核评价、经验推广等问题。其中，生态文明先行示范区建设的主要任务包括以下几个方面。

1. 科学谋划空间开发格局。加快实施主体功能区战略，严格按照主体功能定位发展，合理控制开发强度，调整优化空间结构，进一步明确市县功能区布局，构建科学合理的城镇化格局、农业发展格局、生态安全格局。科学划定生态红线，推进国土综合整治，加强国土空间开发管控和土地用途管制。将生态文明理念融入城镇化的各方面和全过程，分类引导不同主体功能区的城镇化进程，走以人为本、集约高效、绿色低碳的新型城镇化道路。②

2. 调整优化产业结构。进一步明确产业发展方向和重点，加快发展现代服务业、高技术产业和节能环保等战略性新兴产业，改造提升优势产业，做好化解产能过剩工作，大力淘汰落后产能。调整优化能源结构，控制煤炭消费总量，因地制宜加快发展水电、核电、风电、太阳能、生物质能等非化石能源，提高可再生能源比重。严格落实项目节能评估审查、环境影响评价、用地预审、水资源论证和水土保持方案审查等制度。③

---

① 国家发展改革委等. 国家生态文明先行示范区建设方案（试行）［J］. 中华人民共和国国务院公报，2014（8）：52.

② 国家发展改革委等. 国家生态文明先行示范区建设方案（试行）［J］. 中华人民共和国国务院公报，2014（8）：53.

③ 国家发展改革委等. 国家生态文明先行示范区建设方案（试行）［J］. 中华人民共和国国务院公报，2014（8）：53.

3. 着力推动绿色循环低碳发展。以节能减排、循环经济、清洁生产、生态环保、应对气候变化等为抓手，设置科学合理的控制指标，大幅降低能耗、碳排放、地耗和水耗强度，控制能源消费总量、碳排放总量和主要污染物排放总量，严守耕地、水资源，以及林草、湿地、河湖等生态红线，大力发展绿色低碳技术，优化改造存量，科学谋划增量，切实推动绿色发展、循环发展、低碳发展，加快转变发展方式，提高发展的质量和效益。①

4. 节约集约利用资源。加强生产、流通、消费全过程资源节约，推动资源利用方式根本转变。在工业、建筑、交通运输、公共机构等领域全面加强节能管理，大幅提高能源利用效率。推进土地节约集约利用，推动废弃土地复垦利用。实行最严格水资源管理制度，落实水资源开发利用控制、用水效率控制、水功能区限制纳污三条红线，加快节水改造，大力推动农业高效节水，建设节水型社会。加快建设布局合理、集约高效、生态优良的绿色矿山。大力发展循环经济，推动园区循环化改造，开发利用"城市矿产"，发展再制造，做好大宗固体废弃物、餐厨废弃物、农村生产生活废弃物、秸秆和粪污等资源化利用，构建覆盖全社会的资源循环利用体系。②

5. 加大生态系统和环境保护力度。实施重大生态修复工程，推进荒漠化、沙化、石漠化、水土流失等综合治理。加强自然生态系统保护，扩大森林、草原、湖泊、湿地面积，保护生物多样性，增强生态产品生产能力。以解决大气、水、土壤等污染为重点，加强污染综合防治，实现污染物减排由总量控制向环境质量改善转变。控制农业面源污

---

① 国家发展改革委等.国家生态文明先行示范区建设方案（试行）[J].中华人民共和国国务院公报，2014（8）：53.

② 国家发展改革委等.国家生态文明先行示范区建设方案（试行）[J].中华人民共和国国务院公报，2014（8）：53.

染，开展农村环境综合整治，加强耕地质量建设。加强防灾减灾体系建设，提高适应气候变化能力。①

6. 建立生态文化体系。倡导尊重自然、顺应自然、保护自然的生态文明理念，并培育为社会主流价值观。加强生态文明科普宣传、公共教育和专业培训，做好生态文化与地区传统文化的有机结合。倡导绿色消费，推动生活方式和消费模式加快向简约适度、绿色低碳、文明健康的方式转变。②

7. 创新体制机制。把资源消耗、环境损害、生态效益等体现生态文明建设的指标纳入地区经济社会发展综合评价体系，大幅增加考核权重，建立领导干部任期生态文明建设问责制和终身追究制。率先探索编制自然资源资产负债表，实行领导干部自然资源资产和资源环境离任审计。树立底线思维，实行最严格的资源开发节约利用和生态环境保护制度。在自然资源资产产权和用途管制，能源、水、土地节约集约利用，资源环境承载能力监测预警，生态环境损害赔偿、生态补偿、生态服务价值评价、分类差异化考核等制度建设，以及节能量、碳排放权、水权、排污权交易、环境污染第三方治理等市场化机制建设方面积极探索，力争取得重要突破。③

8. 加强基础能力建设。强化生态文明建设统筹协调，形成工作合力，加强统计、监测、标准、执法等基础能力建设。④

---

① 国家发展改革委等 . 国家生态文明先行示范区建设方案（试行）［J］. 中华人民共和国国务院公报，2014（8）：53-54.
② 国家发展改革委等 . 国家生态文明先行示范区建设方案（试行）［J］. 中华人民共和国国务院公报，2014（8）：54.
③ 国家发展改革委等 . 国家生态文明先行示范区建设方案（试行）［J］. 中华人民共和国国务院公报，2014（8）：54.
④ 国家发展改革委等 . 国家生态文明先行示范区建设方案（试行）［J］. 中华人民共和国国务院公报，2014（8）：54.

2014 年 7 月 22 日，国家发展改革委等 6 部门联合印发了《关于开展生态文明先行示范区建设（第一批）的通知》，把北京市密云县等 55 个地区确定为生态文明先行示范区，并明确了其制度创新的重点。同时，根据国务院 2014 年 3 月 10 日印发的《支持福建省深入实施生态省战略加快建设生态文明先行示范区的若干意见》，以及经国务院同意国家发展改革委等 6 部门于 2014 年 5 月 30 日印发的《关于印发浙江省湖州市生态文明先行示范区建设方案的通知》，把福建省和浙江省湖州市确定为生态文明先行示范区，并明确了其制度创新的重点。这样，共有 57 个地区被纳入第一批生态文明先行示范区建设范围。这 57 个地区是：北京市密云县、延庆县，天津市武清区，河北省承德市、张家口市，山西省芮城县、娄烦县，内蒙古自治区鄂尔多斯市、巴彦淖尔市，辽宁省辽河流域、抚顺大伙房水源保护区，吉林省延边朝鲜族自治州、四平市，黑龙江省伊春市、五常市，上海市闵行区、崇明县，江苏省镇江市、淮河流域重点地区，浙江省杭州市、湖州市、丽水市，安徽省巢湖流域、黄山市，福建省，江西省，山东省临沂市、淄博市，河南省郑州市、南阳市，湖北省十堰市（含神农架林区）、宜昌市，湖南省湘江源头区域、武陵山片区，广东省梅州市、韶关市，广西壮族自治区玉林市、富川瑶族自治县，海南省万宁市、琼海市，重庆市渝东南武陵山区、渝东北三峡库区，四川省成都市、雅安市，贵州省，云南省，西藏自治区山南地区、林芝地区，陕西省西咸新区、延安市，甘肃省甘南藏族自治州、定西市，青海省，宁夏回族自治区永宁县、吴忠市利通区，新疆维吾尔自治区昌吉州玛纳斯县、伊犁州特克斯县。①

2015 年 12 月 31 日，国家发展改革委等 9 部门联合印发了《关于开

---

① 国家发展改革委等．关于开展生态文明先行示范区建设（第一批）的通知［EB/OL］．国家发展改革委网站，2014-08-04．

展第二批生态文明先行示范区建设的通知》，把北京市怀柔区等45个地区纳入第二批生态文明先行示范区建设范围，并明确了各自的制度创新重点。这45个地区是：北京市怀柔区，天津市静海区，河北省秦皇岛市，京津冀协同共建地区（北京平谷、天津蓟县、河北廊坊北三县），山西省朔州市平鲁区、孝义市，内蒙古自治区包头市、乌海市，辽宁省大连市、本溪满族自治县，吉林省吉林市、白城市，黑龙江省牡丹江市、齐齐哈尔市，上海市青浦区，江苏省南京市、南通市，浙江省宁波市，安徽省宣城市、蚌埠市，山东省济南市、青岛红岛经济区，河南省许昌市、濮阳市，湖北省黄石市、荆州市，湖南省衡阳市、宁乡县，广东省东莞市、深圳东部湾区（盐田区、大鹏新区），广西壮族自治区桂林市、马山县，海南省儋州市，重庆市大娄山生态屏障（重庆片区），四川省川西北地区、嘉陵江流域，西藏自治区日喀则市，陕西省西安浐灞生态区、神木县，甘肃省兰州市、酒泉市，宁夏回族自治区石嘴山市，新疆维吾尔自治区昭苏县、哈巴河县，新疆生产建设兵团第一师阿拉尔市。①

国家生态文明先行示范区建设的主要目标是，通过5年左右的努力，先行示范地区基本形成符合主体功能定位的开发格局，资源循环利用体系初步建立，节能减排和碳强度指标下降幅度超过上级政府下达的约束性指标，资源产出率、单位建设用地生产总值、万元工业增加值用水量、农业灌溉水有效利用系数、城镇（乡）生活污水处理率、生活垃圾无害化处理率等处于全国或本省（市）前列，城镇供水水源地全面达标，森林、草原、湖泊、湿地等面积逐步增加、质量逐步提高，水土流失和沙化、荒漠化、石漠化土地面积明显减少，耕地质量稳步提

---

① 国家发展改革委等. 关于开展第二批生态文明先行示范区建设的通知［EB/OL］. 国家发展改革委网站，2016-01-12.

高，物种得到有效保护，覆盖全社会的生态文化体系基本建立，绿色生活方式普遍推行，最严格的耕地保护制度、水资源管理制度、环境保护制度得到有效落实，生态文明制度建设取得重大突破，形成可复制、可推广的生态文明建设典型模式。①

第三节　生态文明试验区

党的十八届五中全会提出，设立统一规范的国家生态文明试验区，重在开展生态文明体制改革综合试验，规范各类试点示范，为完善生态文明制度体系探索路径、积累经验。2016 年 8 月 22 日，中共中央办公厅、国务院办公厅印发了《关于设立统一规范的国家生态文明试验区的意见》，明确了设立国家生态文明试验区的总体要求、试验重点、试验区设立、统一规范各类试点示范、组织实施等问题。

1. 设立国家生态文明试验区总体要求。主要包括以下几方面。

（1）指导思想。坚持尊重自然顺应自然保护自然、发展和保护相统一，绿水青山就是金山银山，自然价值和自然资本、空间均衡、山水林田湖是一个生命共同体等理念，遵循生态文明的系统性、完整性及其内在规律，以改善生态环境质量、推动绿色发展为目标，以体制创新、制度供给、模式探索为重点，设立统一规范的国家生态文明试验区，将中央顶层设计与地方具体实践相结合，集中开展生态文明体制改革综合试验，规范各类试点示范，完善生态文明制度体系，推进生态文明领域国家治理体系和治理能力现代化。

---

① 国家发展改革委等. 国家生态文明先行示范区建设方案（试行）［J］. 中华人民共和国国务院公报，2014（8）：53.

（2）基本原则。一是坚持党的领导。落实党中央关于生态文明体制改革总体部署要求，牢固树立政治意识、大局意识、核心意识、看齐意识，实行生态文明建设党政同责，各级党委和政府对本地区生态文明建设负总责。二是坚持以人为本。着力改善生态环境质量，重点解决社会关注度高、涉及人民群众切身利益的资源环境问题，建设天蓝地绿水净的美好家园，增强人民群众对生态文明建设成效的获得感。三是坚持问题导向。勇于攻坚克难、先行先试、大胆试验，主要试验难度较大、确需先行探索、还不能马上推开的重点改革任务，把试验区建设成生态文明体制改革的"试验田"。四是坚持统筹部署。协调推进各类生态文明建设试点，协同推动关联性强的改革试验，加强部门和地方联动，聚集改革资源、形成工作合力。五是坚持改革创新。鼓励试验区因地制宜，结合本地区实际大胆探索，全方位开展生态文明体制改革创新试验，允许试错、包容失败、及时纠错，注重总结经验。

（3）主要目标。设立若干试验区，形成生态文明体制改革的国家级综合试验平台。通过试验探索，到 2017 年，推动生态文明体制改革总体方案中的重点改革任务取得重要进展，形成若干可操作、有效管用的生态文明制度成果；到 2020 年，试验区率先建成较为完善的生态文明制度体系，形成一批可在全国复制推广的重大制度成果，资源利用水平大幅提高，生态环境质量持续改善，发展质量和效益明显提升，实现经济社会发展和生态环境保护双赢，形成人与自然和谐发展的现代化建设新格局，为加快生态文明建设、实现绿色发展、建设美丽中国提供有力制度保障。①

2. 国家生态文明试验区试验重点。主要包括以下几方面。（1）有

---

① 中共中央办公厅，国务院办公厅. 关于设立统一规范的国家生态文明试验区的意见 [J]. 中华人民共和国国务院公报，2016（26）：5-6.

利于落实生态文明体制改革要求，目前缺乏具体案例和经验借鉴，难度较大、需要试点试验的制度。建立归属清晰、权责明确、监管有效的自然资源资产产权制度，健全自然资源资产管理体制，编制自然资源资产负债表；构建协调优化的国土空间开发格局，进一步完善主体功能区制度，以主体功能区规划为基础统筹各类空间性规划，推进"多规合一"，实现自然生态空间的统一规划、有序开发、合理利用等。（2）有利于解决关系人民群众切身利益的大气、水、土壤污染等突出资源环境问题的制度。建立统一高效、联防联控、终身追责的生态环境监管机制；建立健全体现生态环境价值、让保护者受益的资源有偿使用和生态保护补偿机制等。（3）有利于推动供给侧结构性改革，为企业、群众提供更多更好的生态产品、绿色产品的制度。探索建立生态保护与修复投入和科技支撑保障机制，构建绿色金融体系，发展绿色产业，推行绿色消费，建立先进科学技术研究应用和推广机制等。（4）有利于实现生态文明领域国家治理体系和治理能力现代化的制度。建立资源总量管理和节约制度，实施能源和水资源消耗、建设用地等总量和强度双控行动；厘清政府和市场边界，探索建立不同发展阶段环境外部成本内部化的绿色发展机制，促进发展方式转变；建立生态文明目标评价考核体系和奖惩机制，实行领导干部环境保护责任和自然资源资产离任审计；健全环境资源司法保护机制等。（5）有利于体现地方首创精神的制度。试验区根据实际情况自主提出、对其他区域具有借鉴意义、试验完善后可推广到全国的相关制度，以及对生态文明建设先进理念的探索实践等。①

3. 国家生态文明试验区设立规范。具体包括以下两方面。（1）统

---

① 中共中央办公厅，国务院办公厅. 关于设立统一规范的国家生态文明试验区的意见 [J]. 中华人民共和国国务院公报，2016（26）：6.

筹布局试验区。综合考虑各地现有生态文明改革实践基础、区域差异性和发展阶段等因素，首批选择生态基础较好、资源环境承载能力较强的福建省、江西省和贵州省作为试验区。今后根据改革举措落实情况和试验任务需要，适时选择不同类型、具有代表性的地区开展试验区建设。试验区数量要从严控制，务求改革实效。（2）合理选定试验范围。单项试验任务的试验范围视具体情况确定。具备一定基础的重大改革任务可在试验区内全面开展；对于在试验区内全面推开难度较大的试验任务，可选择部分区域开展，待条件成熟后在试验区内全面开展。[1]

4. 统一规范各类试点示范。具体包括以下两方面。（1）整合资源集中开展试点试验。根据《生态文明体制改革总体方案》部署开展的各类专项试点，优先放在试验区进行，统筹推进，加强衔接。对试验区内已开展的生态文明试点示范进行整合，统一规范管理，各有关部门和地区要根据工作职责加强指导支持，做好各项改革任务的协调衔接，避免交叉重复。（2）严格规范其他各类试点示范。自本意见印发之日起，未经党中央、国务院批准，各部门不再自行设立、批复冠以"生态文明"字样的各类试点、示范、工程、基地等；已自行开展的各类生态文明试点示范到期一律结束，不再延期，最迟不晚于 2020 年结束。[2]

5. 国家生态文明试验区组织实施。具体包括以下几方面。（1）制定实施方案。试验区所在地党委和政府要加强组织领导，建立工作机制，研究制定细化实施方案，明确改革试验的路线图和时间表，确定改革任务清单和分工，做好年度任务分解，明确每项任务的试验区域、目标成果、进度安排、保障措施等。各试验区实施方案按程序报中央全面

---

① 中共中央办公厅，国务院办公厅. 关于设立统一规范的国家生态文明试验区的意见 [J]. 中华人民共和国国务院公报，2016（26）：6-7.

② 中共中央办公厅，国务院办公厅. 关于设立统一规范的国家生态文明试验区的意见 [J]. 中华人民共和国国务院公报，2016（26）：7.

深化改革领导小组批准后实施。（2）加强指导支持。各有关部门要根据工作职责，加强对试验区各项改革试验工作的指导和支持，强化沟通协作，加大简政放权力度。涉及机构改革和职能调整的，中央编办要会同有关部门指导省级相关部门统筹部署推进。中央宣传部要会同有关部门和地区认真总结宣传生态文明体制改革试验的新进展新成效，加强法规政策解读，营造有利于生态文明建设的良好社会氛围。军队要积极参与驻地生态文明建设，加强军地互动，形成军地融合、协调发展的长效机制。试验区重大改革措施突破现有法律、行政法规、国务院文件和国务院批准的部门规章规定的，要按程序报批，取得授权后施行。（3）做好效果评估。试验区所在地党委和政府要定期对改革任务完成情况开展自评估，向党中央、国务院报告改革进展情况，并抄送有关部门。国家发展改革委、环境保护部要会同有关部门组织开展对试验区的评估和跟踪督查，对于试行有效的重大改革举措和成功经验做法，根据成熟程度分类总结推广，成熟一条、推广一条；对于试验过程中发现的问题和实践证明不可行的，要及时提出调整建议。（4）强化协同推进。试验区以外的其他地区要按照本意见有关精神，以试验区建设的原则、目标等为指导，加快推进生态文明制度建设，勇于创新、主动改革；通过加强与试验区的沟通交流，积极学习借鉴试验区好的经验做法；结合本地实际，不断完善相关制度，努力提高生态文明建设水平。①

　　2016年8月22日，中共中央办公厅、国务院办公厅印发了《国家生态文明试验区（福建）实施方案》，明确了国家生态文明福建试验区的战略定位是国土空间科学开发的先导区、生态产品价值实现的先行

---

① 中共中央办公厅，国务院办公厅．关于设立统一规范的国家生态文明试验区的意见[J]．中华人民共和国国务院公报，2016（26）：7.

区、环境治理体系改革的示范区、绿色发展评价导向的实践区。① 福建试验区建设的重点任务是建立健全国土空间规划和用途管制制度，健全环境治理和生态保护市场体系，建立多元化的生态保护补偿机制，健全环境治理体系，建立健全自然资源资产产权制度，开展绿色发展绩效评价考核。②

2017 年 10 月 2 日，中共中央办公厅、国务院办公厅印发了《国家生态文明试验区（江西）实施方案》，明确了国家生态文明江西试验区的战略定位是山水林田湖草综合治理样板区，中部地区绿色崛起先行区，生态环境保护管理制度创新区，生态扶贫共享发展示范区。③ 江西试验区建设的重点任务是构建山水林田湖草系统保护与综合治理制度体系，构建严格的生态环境保护与监管体系，构建促进绿色产业发展的制度体系，构建环境治理和生态保护市场体系，构建绿色共治共享制度体系，构建全过程的生态文明绩效考核和责任追究制度体系。④

2017 年 10 月 2 日，中共中央办公厅、国务院办公厅印发了《国家生态文明试验区（贵州）实施方案》，明确了国家生态文明贵州试验区的战略定位是长江珠江上游绿色屏障建设示范区，西部地区绿色发展示范区，生态脱贫攻坚示范区，生态文明法治建设示范区，生态文明国际交流合作示范区。⑤ 贵州试验区建设的重点任务是开展绿色屏障建设制

---

① 中共中央办公厅，国务院办公厅 . 国家生态文明试验区（福建）实施方案［J］. 中华人民共和国国务院公报，2016（26）：8-9.

② 中共中央办公厅，国务院办公厅 . 国家生态文明试验区（福建）实施方案［J］. 中华人民共和国国务院公报，2016（26）：8-14.

③ 中共中央办公厅，国务院办公厅 . 国家生态文明试验区（江西）实施方案［J］. 中华人民共和国国务院公报，2017（29）：23.

④ 中共中央办公厅，国务院办公厅 . 国家生态文明试验区（江西）实施方案［J］. 中华人民共和国国务院公报，2017（29）：24-30.

⑤ 中共中央办公厅，国务院办公厅 . 国家生态文明试验区（贵州）实施方案［J］. 中华人民共和国国务院公报，2017（29）：31-32.

度创新试验，开展促进绿色发展制度创新试验，开展生态脱贫制度创新试验，开展生态文明大数据建设制度创新试验，开展生态旅游发展制度创新试验，开展生态文明法治建设创新试验，开展生态文明对外交流合作示范试验，开展绿色绩效评价考核创新试验。①

　　2019 年 5 月 12 日，中共中央办公厅、国务院办公厅印发了《国家生态文明试验区（海南）实施方案》，明确了国家生态文明海南试验区的战略定位是生态文明体制改革样板区，陆海统筹保护发展实践区，生态价值实现机制试验区，清洁能源优先发展示范区。② 海南试验区建设的重点任务是构建国土空间开发保护制度，推动形成陆海统筹保护发展新格局，建立完善生态环境质量巩固提升机制，建立健全生态环境和资源保护现代监管体系，创新探索生态产品价值实现机制，推动形成绿色生产生活方式。③

---

① 中共中央办公厅，国务院办公厅. 国家生态文明试验区（贵州）实施方案［J］. 中华人民共和国国务院公报，2017（29）：33-38.
② 中共中央办公厅，国务院办公厅. 国家生态文明试验区（海南）实施方案［J］. 中华人民共和国国务院公报，2019（15）：17.
③ 中共中央办公厅，国务院办公厅. 国家生态文明试验区（海南）实施方案［J］. 中华人民共和国国务院公报，2019（15）：18-24.

第四章　完善生态安全屏障体系

完善生态安全屏障体系，实施重要生态系统保护和修复重大工程，是加快生态文明建设的重要任务，是保障国家生态安全的重要基础，也是不断满足人民群众对良好生态环境殷切期盼的重要途径，还是践行绿水青山就是金山银山理念、实现人与自然和谐共生的重要举措。

第一节　青藏高原生态屏障区

青藏高原生态屏障区涉及西藏、青海、四川、云南、甘肃、新疆等6个省区，含三江源草原草甸湿地、若尔盖草原湿地、甘南黄河重要水源补给、祁连山冰川与水源涵养、阿尔金草原荒漠化防治、藏西北羌塘高原荒漠、藏东南高原边缘森林等7个国家重点生态功能区。青藏高原是我国重要的生态安全屏障、战略资源储备基地和高寒生物种质资源宝库。

1. 自然生态状况。区域地貌以高原为主，海拔多在3000米以上，年均降水量大多在400毫米以下，受地势结构和大气环流特点的制约，自东南向西北水热条件呈现由暖湿向寒旱过渡的特征。区域内土壤以高山草甸土、高山草原土和高山漠土为主，植被属高寒荒漠区、高寒草甸和草原区类型，且自东向西呈现"森林-草甸-草原-荒漠"的地带性变化。青藏高原是世界上山地冰川最发育的地区和河流发育最多的地区，是长江、黄河、澜沧江、雅鲁藏布江等大江大河的发源地，湿地面积约为1800万公顷，占全国的1/3。它是全球生物多样性最丰富的地区之一，羌塘-三江源、岷山、喜马拉雅东南部等区域是我国生物多样性保护优先区域，特有种子植物3760余种、脊椎动物280余种，珍稀濒危高等植物300余种，珍稀濒危动物120余种。①

2. 主要生态问题。受全球气候变化和人类活动共同影响，区域面临冰川消融、草地退化、土地沙化、生物多样性受损等生态问题，高原生态系统不稳定。主要表现是超过70%的草原存在不同程度的退化问题，西藏和青海黑土滩型草原面积达1100万公顷，草原鼠害严重；在强盛风力和气候干旱共同作用下，土地沙化加剧，西藏和青海沙化土地面积合计3412万公顷，占全国沙化土地面积的19.78%；区内水土流失面积约2590万公顷。②

3. 生态保护修复主攻方向。2014年2月8日，国家发展改革委、科技部、财政部等12个部委联合印发的《全国生态保护与建设规划（2013-2020年）》提出，青藏高原生态屏障生态保护与建设以保护天然高寒植被、高原湿地河湖和高原特有生物物种及其栖息地为重点，按山系、河流完善保护区网络；实施禁牧休牧、草畜平衡和基本草原保护，加强黑土滩型退化草地人工治理，修复草原生态；推进天然林资源保护；开展小水电代燃料；通过退牧（耕）还湿、蓄水、禁渔与增殖

---

① 国家发展改革委等. 全国重要生态系统保护和修复重大工程总体规划（2021-2035年）［EB/OL］. 中国政府网，2020-06-12.

② 国家发展改革委等. 全国重要生态系统保护和修复重大工程总体规划（2021-2035年）［EB/OL］. 中国政府网，2020-06-12.

放流、增加植被等措施恢复湿地河湖生态；加强江河源头区水土保持和防沙治沙，开展沙化土地封禁保护。①

2020 年 6 月 3 日，国家发展改革委、自然资源部印发的《全国重要生态系统保护和修复重大工程总体规划（2021-2035 年）》提出，青藏高原生态屏障生态保护修复主攻方向是以推动高寒生态系统自然恢复为导向，立足三江源草原草甸湿地生态功能区等 7 个国家重点生态功能区，全面保护草原、河湖、湿地、冰川、荒漠等生态系统，加快建立健全以国家公园为主体的自然保护地体系，突出对原生地带性植被、特有珍稀物种及其栖息地的保护，加大沙化土地封禁保护力度，科学开展天然林草恢复、退化土地治理、矿山生态修复和人工草场建设等人工辅助措施，促进区域野生动植物种群恢复和生物多样性保护，提升高原生态系统结构完整性和功能稳定性。②

《全国重要生态系统保护和修复重大工程总体规划（2021-2035年）》提出，要实施青藏高原生态屏障区生态保护和修复重大工程，即"大力实施草原保护修复、河湖和湿地保护恢复、天然林保护、防沙治沙、水土保持等工程。若尔盖草原湿地、阿尔金草原荒漠等严格落实草原禁牧和草畜平衡，通过补播改良、人工种草等措施加大退化草原治理力度；加强河湖、湿地保护修复，稳步提高高原湿地、江河源头水源涵养能力；加强森林资源管护和中幼林抚育，在河滩谷地开展水源涵养林和水土保持林等防护林体系建设；加强沙化土地封禁保护，采用乔灌草结合的生物措施及沙障等工程措施促进防沙固沙及水土保持；加强对冰川、雪山的保护和监测，减少人为扰动；加强野生动植物栖息地生

---

① 国家发展改革委等．全国生态保护与建设规划（2013-2020 年）［EB/OL］．国家发展改革委网站，2014-11-19．

② 国家发展改革委等．全国重要生态系统保护和修复重大工程总体规划（2021-2035年）［EB/OL］．中国政府网，2020-06-12．

境保护恢复，连通物种迁徙扩散生态廊道；加快推进历史遗留矿山生态修复"①。

具体而言，青藏高原生态屏障区生态保护和修复重大工程包括如下内容。（1）三江源生态保护和修复。加强草原、河湖、湿地、荒漠、冰川等生态保护，开展封山（沙）育林草、退牧还草，落实草原禁牧轮牧措施。加强人工草场建设，实施黑土滩型等退化草原综合治理，加强草原鼠害等有害生物治理，加强重点高原湖泊生态保护和综合治理，恢复退化湿地生态功能和周边植被，加强沙化土地与水土流失综合治理。（2）祁连山生态保护和修复。加强天然林保护和公益林管护，通过封山育林、人工辅助促进森林质量提升，开展退耕还林还草、退牧还草、土地综合整治和建设人工草场，实施草原禁牧轮牧、退化草原治理。加强源头滩地湿地恢复和退化湿地修复。实施水土流失、沙化土地综合治理。加强雪豹等重要物种栖息地保护和恢复，连通生态廊道。（3）若尔盖草原湿地-甘南黄河重要水源补给生态保护和修复。开展重点水源涵养区封育保护，加强高原湿地保护与修复，恢复退化湿地生态功能和周边植被，增强水源涵养功能。加强草原综合治理，全面推行草畜平衡、草原禁牧休牧轮牧，推动重点区域荒漠化、沙化土地和黑土滩型等退化草原治理，遏制草原沙化趋势，提升草原生态功能。（4）藏西北羌塘高原-阿尔金草原荒漠生态保护和修复。加强重要物种栖息地保护和恢复，扩大野生动物生存空间。采取自然和人工相结合方式，加强退化高寒草原草甸修复，实施草畜平衡、草原禁牧轮牧，恢复退化草原生态。治理沙化土地，加强高原湖泊、湿地保护恢复。（5）藏东南高原生态保护和修复。加强天然林保护和公益林管护，提升山地雨林、

---

① 国家发展改革委等. 全国重要生态系统保护和修复重大工程总体规划（2021-2035年）［EB/OL］. 中国政府网，2020-06-12.

季雨林生态功能，恢复区域原生植被，加强中幼林抚育，在生态脆弱区开展退耕还林还草和土地综合整治，建设重要流域地带防护林体系。开展人工种草与天然草原改良。加强水土流失治理。（6）西藏"两江四河"造林绿化与综合整治。在雅鲁藏布江、怒江及拉萨河、年楚河、雅砻河、狮泉河等"两江四河"地区，坚持乔灌草相结合，构建以水土保持林、水源涵养林、护岸林等为主体的防护林体系。开展沙化土地综合整治，实施宽浅沙化河段生态治理。加强水土流失治理，恢复退化草场、退化湿地生态功能。（7）青藏高原矿山生态修复。围绕历史遗留矿山损毁土地植被资源，实施矿山地质环境恢复治理，重塑地形地貌，重建生态植被，恢复矿区生态。

第二节　黄河重点生态区

黄河重点生态区（含黄土高原生态屏障）涉及青海、甘肃、宁夏、内蒙古、陕西、山西、河南、山东等8个省区，包括1个国家重点生态功能区，即黄土高原丘陵沟壑水土保持生态功能区（四川的若尔盖草原湿地、甘肃的甘南黄河重要水源补给、青海的三江源草原草甸湿地生态功能区纳入青藏高原生态屏障区）。

1. 自然生态状况。该区域大部分位于干旱、半干旱地带，黄河川流而过，沟壑纵横，地形破碎，地貌以山地、丘陵、高塬为主，下游地区以平原为主。黄河是举世闻名的地上悬河，是淮河和海河流域的分水岭，天然年径流量为535亿立方米，属于资源型缺水地区。黄土高原地区大部分为黄土覆盖，平均厚度50-100米，是世界上黄土分布最集中、覆盖厚度最大的区域，黄土土质疏松、脱水固结快、易于侵蚀崩解，除黄绵土外，还有褐土、黑垆土、风沙土、灰漠土等土壤类型。区域属大陆性季风气候，丰水年和干旱年降水量相差 2-5 倍，年降水量在 150-750 毫米，时间和空间分布十分不均。区域内植被盖率低，天然次生林和天然草地面积少，主要分布在林区、土石山区和高地草原区。野生动植物资源较为丰富，野生植物资源 1200 余种，野生动物资源 310 余种。①

2. 主要生态问题。区域生态敏感区和脆弱区面积大、类型多、程度深，是全国水土流失最严重的地区，生态系统不稳定。上游局部地区生态系统退化、水源涵养功能降低，部分支流干涸断流、湿地萎缩，土地荒漠化、沙化程度较深，人类活动干扰导致植被破坏、天然草原不同程度退化，早年建成的防护林因缺水和沙化出现较为严重退化，生态防护功能持续下降；中游水土流失严重，黄土高原约 2137 万公顷水土流失面积亟待治理，尤其是 786 万公顷的多沙粗沙区和粗泥沙集中来源区对下游构成严重威胁；下游生态流量偏低、一些地方河口湿地萎缩，水沙关系不协调，造成河道淤积，形成地上悬河。水平衡问题突出，黄河流域水资源严重短缺，能源产业、农业、生态用水之间的矛盾加剧，水资源承载能力严重不足，地下水超采问题突出。部分河段原生鱼类、洄游鱼类濒临灭绝，鱼类资源呈现严重衰退态势。矿产资源开采对生态系统破坏面大、破坏程度高、治理难度大。②

3. 生态保护修复主攻方向。遵循"共同抓好大保护，协同推进大治理"，以增强黄河流域生态系统稳定性为重点，上游提升水源涵养能力、中游抓好水土保持、下游保护湿地生态系统和生物多样性，立足黄

---

① 国家发展改革委等．全国重要生态系统保护和修复重大工程总体规划（2021-2035年）［EB/OL］．中国政府网，2020-06-12.

② 国家发展改革委等．全国重要生态系统保护和修复重大工程总体规划（2021-2035年）［EB/OL］．中国政府网，2020-06-12.

土高原丘陵沟壑水土保持生态功能区，以小流域为单元综合治理水土流失，开展多沙粗沙区为重点的水土保持和土地整治，坚持以水而定、量水而行，宜林则林、宜灌则灌、宜草则草、宜荒则荒，科学开展林草植被保护和建设，提高植被覆盖度，加快退化、沙化、盐碱化草场治理，保护和修复黄河三角洲等湿地，实施地下水超采综合治理，加强矿区综合治理和生态修复，使区域内水土流失状况得到有效控制，完善自然保护地体系建设并保护区域内生物多样性。①

2020 年 6 月 3 日，国家发展改革委、自然资源部印发的《全国重要生态系统保护和修复重大工程总体规划（2021－2035 年）》提出，要开展黄河重点生态区（含黄土高原生态屏障）生态保护和修复重大工程，即"大力开展水土保持和土地综合整治、天然林保护、三北等防护林体系建设、草原保护修复、沙化土地治理、河湖与湿地保护修复、矿山生态修复等工程。完善黄河流域水沙调控、水土流失综合防治、防沙治沙、水资源合理配置和高效利用等措施，开展小流域综合治理，建设以梯田和淤地坝为主的拦沙减沙体系，持续实施治沟造地，推进塬区固沟保塬、坡面退耕还林、沟道治沟造地、沙区固沙还灌草，提升水土保持功能，有效遏制水土流失和土地沙化；大力开展封育保护，加强原生林草植被和生物多样性保护，禁止开垦利用荒山荒坡，开展封山禁牧和育林育草，提升水源涵养能力；推进水蚀风蚀交错区综合治理，积极培育林草资源，选择适生的乡土植物，营造多树种、多层次的区域性防护林体系，统筹推进退耕还林还草和退牧还草，加大退化草原治理，开展林草有害生物防治，提升林草生态系统质量；开展重点河湖、黄河三角洲等湿地保护与恢复，保证生态流量，实施地下水超采综

---

① 国家发展改革委等 . 全国重要生态系统保护和修复重大工程总体规划（2021－2035年）［EB/OL］. 中国政府网，2020－06－12.

合治理，开展滩区土地综合整治；加快历史遗留矿山生态修复"①。

　　具体而言，黄河重点生态区（含黄土高原生态屏障）生态保护和修复重大工程包括如下内容。（1）黄土高原水土流失综合治理。以渭北、陇东、晋西南等地为重点，开展水土保持和土地综合整治，实施小流域综合治理，建设涵盖塬面、沟坡、沟道的综合防护体系。以太行山、吕梁山、湟水流域等地为重点，加强林草植被保护和修复，以水定林定草，实施封山育林（草）、退耕还林还草、草地改良，稳定和提高黄土高原地区植被盖度。以库布其、毛乌素等地为重点，通过人工治理与自然修复相结合、生物措施与工程措施相结合，建设完善沙区生态防护体系。（2）秦岭生态保护和修复。全面加强大熊猫、金丝猴、朱鹮等珍稀濒危物种栖息地保护和恢复，积极推进生态廊道建设，扩大野生动植物生存空间。切实加强天然林及原生植被保护，开展退化林分修复，提高自然生态系统质量和稳定性。（3）贺兰山生态保护和修复。全面保护天然林资源，实施封山育林、退牧还林，加强水源涵养林、防护林建设和退化林修复。加强防风固沙体系建设，加强水土流失预防。加强珍贵稀有动植物资源及其栖息地保护。（4）黄河下游生态保护和修复。根据黄河下游滩区用途管制政策，因地制宜退还水域岸线空间，开展滩区土地综合整治，保护和修复滩区生态环境。加强黄河下游湿地特别是黄河三角洲生态保护和修复，促进生物多样性保护和恢复，推进防护林、廊道绿化、农田林网等工程建设。（5）黄河重点生态区矿山生态修复。大力开展历史遗留矿山生态修复，实施地质环境治理、地形重塑、土壤重构、植被重建等综合治理，恢复矿山生态。

---

① 国家发展改革委等．全国重要生态系统保护和修复重大工程总体规划（2021-2035年）［EB/OL］．中国政府网，2020-06-12．

第三节　长江重点生态区

　　长江重点生态区（含川滇生态屏障）涉及四川、云南、贵州、重庆、湖北、湖南、江西、安徽、江苏、浙江、上海等 11 个省市，含川滇森林及生物多样性、桂黔滇喀斯特石漠化防治、秦巴山区生物多样性、三峡库区水土保持、武陵山区生物多样性与水土保持、大别山水土保持等 6 个国家重点生态功能区以及洞庭湖和鄱阳湖等重要湿地。该区是推动长江经济带发展战略和川滇生态屏障所在区域，是中华民族的摇篮和民族发展的重要支撑。

　　1. 自然生态状况。区域大部分属典型的亚热带季风湿润气候，年平均降水量 500~1400 毫米，多年平均地表水资源量 9012 亿立方米，占全国总量的 33%；具有复杂的地质构造和多样的地貌类型，包括高原、山地、盆地、丘陵、平原等类型。土壤以红壤、黄壤、黄棕壤和黄褐土为主。该区生物多样性丰富，拥有 14000 多种高等植物，约 280 种哺乳动物、700 多种鸟类、300 多种爬行和两栖动物、370 种鱼类，是大熊猫、金丝猴、江豚、中华鲟、珙桐等珍稀动植物的主要栖息地，是我国重要的物种资源宝库。[①]

　　2. 主要生态问题。区域林草植被质量整体不高，河湖、湿地生态面临退化风险，水土流失、石漠化问题突出，水生生物多样性受损严重。主要体现是森林多以杉、松为主的人工纯林，每公顷森林蓄积量 88.45 立方米，低于全国平均水平；长江中下游湖泊、湿地萎缩，洞庭

---

　　① 国家发展改革委等. 全国重要生态系统保护和修复重大工程总体规划（2021-2035年）[EB/OL]. 中国政府网，2020-06-12.

湖、鄱阳湖枯水期显著提前、枯水位明显下降，两湖流域生态系统功能受到影响；水土流失严重，面积达 3540 万公顷；石漠化面积约 1000 万公顷，占全国的 80%；矿产开发对生态破坏较为严重；重大有害生物灾害频发、危害严重，长江水生物种多样性下降，多种珍稀物种濒临灭绝，中华鲟、达氏鲟、胭脂鱼、"四大家鱼"等鱼卵和鱼苗大幅减少，长江上游受威胁鱼类种类占全国受威胁鱼类总数的 40%，江豚面临极危态势。[①]

3. 生态保护修复主攻方向。牢固树立"共抓大保护、不搞大开发"的理念，以推动亚热带森林、河湖、湿地生态系统的综合整治和自然恢复为导向，立足川滇森林及生物多样性生态功能区等 6 个国家重点生态功能区，加强森林、河湖、湿地生态系统保护，继续实施天然林保护、退耕退牧还林还草、退田（圩）还湖还湿、矿山生态修复、土地综合整治，大力开展森林质量精准提升、河湖和湿地修复、石漠化综合治理等，切实加强大熊猫、江豚等珍稀濒危野生动植物及其栖息地保护恢复，进一步增强区域水源涵养、水土保持等生态功能，逐步提升河湖、湿地生态系统稳定性和生态服务功能，加快打造长江绿色生态廊道。[②]

2020 年 6 月 3 日，国家发展改革委、自然资源部印发的《全国重要生态系统保护和修复重大工程总体规划（2021-2035 年）》提出，要开展长江重点生态区（含川滇生态屏障）生态保护和修复重大工程，即"大力实施河湖和湿地保护修复、天然林保护、退耕还林还草、防护林体系建设、退田（圩）还湖还湿、草原保护修复、水土流失和石漠化综合治理、土地综合整治、矿山生态修复等工程。保护修复洞庭

---

① 国家发展改革委等. 全国重要生态系统保护和修复重大工程总体规划（2021-2035年）［EB/OL］. 中国政府网，2020-06-12.

② 国家发展改革委等. 全国重要生态系统保护和修复重大工程总体规划（2021-2035年）［EB/OL］. 中国政府网，2020-06-12.

湖、鄱阳湖等长江沿线重要湖泊和湿地，加强洱海、草海等重要高原湖泊保护修复，推动长江岸线生态恢复，改善河湖连通性；开展长江上游天然林公益林建设，加强长江两岸造林绿化，全面完成宜林荒山造林，加强森林质量精准提升，推进国家储备林建设，打造长江绿色生态廊道；实施生物措施与工程措施相结合的综合治理，全面改善严重石漠化地区生态状况；大力开展矿山生态修复，解决重点区域历史遗留矿山生态破坏问题；保护珍稀濒危水生生物，强化极小种群、珍稀濒危野生动植物栖息地和候鸟迁徙路线保护，严防有害生物危害"①。

具体而言，长江重点生态区（含川滇生态屏障）生态保护和修复重大工程包括如下内容。（1）横断山区水源涵养与生物多样性保护。全面加强原生性生态系统保护和珍稀濒危野生动植物拯救性保护。保护天然林资源，综合开展退化林修复、封山育林、人工造林、森林抚育。推进草地治理，实施退牧还草、退化草原修复。开展水土流失、石漠化综合治理和干热河谷生态治理，恢复受损地区植被。（2）长江上中游岩溶地区石漠化综合治理。对长江上中游岩溶石漠化集中连片地区，综合开展天然林保护、封山育林育草、人工造林（种草）、退耕还林还草、草地改良、水土保持和土地综合整治等措施，增加林草植被，增强山地生态系统稳定性。（3）大巴山区生物多样性保护与生态修复。全面加强大熊猫等特有物种和栖息地保护，建设缓冲带和生态廊道，扩大野生动植物生存空间。全面保护天然林资源，加强封山育林、森林抚育、退化林和退化草原修复，优化乔灌草复合生态系统结构。通过水资源补给、鸟类栖息地恢复等措施恢复湿地和周边植被。加强小流域综合治理，提升丹江口库区及上游等重点区域水土保持与水源涵

---

① 国家发展改革委等. 全国重要生态系统保护和修复重大工程总体规划（2021-2035年）［EB/OL］. 中国政府网，2020-06-12.

养功能。(4)三峡库区生态综合治理。加强库区及周边天然林保护和公益林建设,稳步推进退耕还林还草、防护林建设和森林质量精准提升,实施土地综合整治。加大水土流失治理力度,探索开展库区消落带生态修复。加强自然保护地建设,保护库区野生动植物及生物多样性。(5)洞庭湖、鄱阳湖等河湖、湿地保护和恢复。加强河道整治,优化水资源配置,提高江河湖泊连通性,恢复水生生物通道及候鸟迁徙通道。开展退垸还湖(河)、退耕还湖(湿)和植被恢复,加强生态湖滨带和水源涵养林等生态隔离带的建设与保护,优化防风防浪林树种结构。实施长江干流及重要支流、湖泊生态保护修复,加强岸线资源修复治理。(6)大别山区水土保持与生态修复。全面加强公益林建设和管护,稳步推进封山育林、人工造林、退耕还林还草,加强水土保持林、水源涵养林和防护林建设,加强森林抚育和退化林修复。推进河湖、湿地保护和恢复,加强水土流失治理。(7)武陵山区生物多样性保护。加强珍稀原生动植物保护,稳定和扩大栖息地,建设生态廊道,保护生物多样性。全面加强天然林保护和公益林建设,稳步推进封山育林、人工造林、退耕还林还草,加强水源涵养林和防护林建设,加强森林抚育和退化林修复。(8)长江重点生态区矿山生态修复。加强历史遗留矿山生态修复,重点解决历史遗留露天矿山生态破坏问题,加强矿山开采边坡综合整治,进行地形重塑、生态植被重建,恢复矿区生态环境。

第四节　东北森林带

东北森林带涉及黑龙江、吉林、辽宁和内蒙古等 4 个省区,含大小兴安岭森林、长白山森林和三江平原湿地等 3 个国家重点生态功能区。

该区域对调节东北亚地区水循环与局地气候、维护国家生态安全和保障国家木材资源具有重要战略意义。

1. 自然生态状况。区域地貌类型多样，分布着大兴安岭、小兴安岭、长白山地、松嫩平原和三江平原，温带季风气候显著，自南向北地跨中温带和寒温带，四季分明，夏季温热多雨、冬季寒冷干燥，降水量400-1000毫米，土壤分布有暗棕壤、白浆土和黑土。该区域是我国重点国有林区和北方重要原始林区的主要分布地，是我国沼泽湿地最丰富、最集中的区域。区域内野生植物近4000种，野生动物近2000种，是东北虎、东北豹种群数量最多、活动最频繁的区域，是东亚-澳大利西亚候鸟迁徙线最重要的栖息地之一。①

2. 主要生态问题。该区长期高强度的森林资源采伐和农业开垦，导致森林、湿地等原生生态系统退化。主要表现是森林结构不合理、质量不高，中幼林面积占比大；湿地面积减少50%以上，其中三江平原湿地面积减少了70%以上，生物多样性遭到破坏；多年冻土退缩，黑土区水土流失面积约1570万公顷，局部地区土地沙化。②

3. 生态保护修复主攻方向。2014年2月8日，国家发展改革委、科技部、财政部等12个部委联合印发的《全国生态保护与建设规划（2013-2020年）》提出，东北森林带生态保护与建设以天然林保育、湿地及生物多样性保护为重点，控制主伐，加强森林抚育和低效林改造；补充生态用水，保护和恢复湿地；加强水源涵养林建设和水土保持预防；开展森林公园基础设施、增殖放流基地和保护区能力建设。③

---

① 国家发展改革委等. 全国重要生态系统保护和修复重大工程总体规划（2021-2035年）[EB/OL]. 中国政府网，2020-06-12.
② 国家发展改革委等. 全国重要生态系统保护和修复重大工程总体规划（2021-2035年）[EB/OL]. 中国政府网，2020-06-12.
③ 国家发展改革委等. 全国生态保护与建设规划（2013-2020年）[EB/OL]. 国家发展改革委网站，2014-11-19.

2020 年 6 月 3 日，国家发展改革委、自然资源部印发的《全国重要生态系统保护和修复重大工程总体规划（2021-2035 年）》提出，东北森林带主攻方向是坚持以"森林是陆地生态系统的主体和重要资源，是人类生存发展的重要保障"为根本遵循，以推动森林生态系统、草原生态系统自然恢复为导向，立足大小兴安岭森林生态功能区等 3 个国家重点生态功能区，全面加强森林、草原、河湖、湿地等生态系统的保护，大力实施天然林保护和修复，连通重要生态廊道，切实强化重点区域沼泽湿地和珍稀候鸟迁徙地、繁殖地自然保护区保护管理，稳步推进退耕还林还草还湿、水土流失治理、矿山生态修复和土地综合整治等治理任务，提升区域生态系统功能稳定性，保障国家东北森林带生态安全。①

《全国重要生态系统保护和修复重大工程总体规划（2021-2035 年）》提出，要开展东北森林带生态保护和修复重大工程，即"大力实施天然林保护、退耕还林还草还湿、森林质量精准提升、草原保护修复、湿地保护恢复、小流域水土流失防控与土地综合整治等工程。持续推进天然林保护和后备资源培育，逐步开展被占林地森林恢复，实施退化林修复，加强森林经营和战略木材储备，通过近自然经营促进森林正向演替，逐步恢复顶级森林群落；加强林草过渡带生态治理，防治土地沙化；加强候鸟迁徙沿线重点湿地保护，开展退化河湖、湿地修复，提高河湖连通性；加强东北虎、东北豹等旗舰物种生境保护恢复，连通物种迁徙扩散生态廊道"②。

具体而言，东北森林带生态保护和修复重点工程包括如下内容。

---

① 国家发展改革委等．全国重要生态系统保护和修复重大工程总体规划（2021-2035 年）［EB/OL］．中国政府网，2020-06-12.

② 国家发展改革委等．全国重要生态系统保护和修复重大工程总体规划（2021-2035 年）［EB/OL］．中国政府网，2020-06-12.

（1）大小兴安岭森林生态保育。全面加强天然林保护和公益林管护，通过封山育林、人工造林、退耕还林还草和土地综合整治等措施，加强后备资源培育，扩大森林面积。加强森林抚育和退化林修复，提高森林质量，提升国家战略木材储备规模。加强湿地、河湖生态保护，实施水土流失综合治理。（2）长白山森林生态保育。全面保护天然林，加强天然林后备资源培育，恢复被占林地森林植被，加强森林抚育和退化林修复，增强森林生态功能，促进正向演替。大力培育珍稀树种和优良用材林。保护恢复河湖、湿地，加强山地丘陵区水土流失治理。（3）松嫩平原等重要湿地保护恢复。全面加强原始沼泽湿地保护，通过实施退耕（养）还沼（滩、湖）、植被补植，恢复和扩大各类湿地面积及周边植被，实施生态补水，提高河湖连通性。（4）东北地区矿山生态修复。实施历史遗留矿山综合治理，通过开展地形地貌重塑、生态植被重建，推进矿山生态环境恢复。

第五节 北方防沙带

北方防沙带涉及黑龙江、吉林、辽宁、北京、天津、河北、内蒙古、甘肃、新疆（含新疆生产建设兵团）等9个省区市，含京津冀协同发展区和阿尔泰山地森林草原、塔里木河荒漠化防治、呼伦贝尔草原草甸、科尔沁草原、浑善达克沙漠化防治、阴山北麓草原等6个国家重点生态功能区。该区域是我国防沙治沙的关键性地带，是我国生态保护和修复的重点、难点区域，其生态保护和修复对保障北方生态安全、改善全国生态环境质量具有重要意义。

1. 自然生态状况。该区域属干旱、半干旱地区，沙化土地广布，有塔克拉玛干、古尔班通古特、巴丹吉林、腾格里、库姆塔格和乌兰布和等沙漠，以及浑善达克、科尔沁和呼伦贝尔等沙地。温带大陆性气候显著，光热和土地资源丰富，土壤有黑钙土、栗钙土、棕钙土、灰漠土和灰棕漠土等多种类型；水资源匮乏，大部分地区年降水量在400毫米以下；植被稀疏，以草原、灌木、荒漠为主，土地沙化、次生盐渍化严重，是我国生态环境最脆弱的地区之一。①

2. 主要生态问题。受自然因素与人为因素综合影响，森林、草原功能退化，河湖、湿地面积减少，水土流失严重，水资源短缺，生物多样性受损。主要表现是草原退化、沙化面积广阔，林草植被质量不高，远低于全国平均水平；部分河流断流、湖泊湿地面积萎缩甚至消失，局部地区地下水超采严重；动植物自然栖息地受扰，野生物种减少，外来有害生物入侵严重，生物多样性受损；风沙危害严重，水土流失面积约为4500万公顷，沙化土地面积约13400万公顷，内蒙古地区草原中退化沙化面积占60%左右；区域矿产资源丰富，矿产资源开采对生态系统破坏问题突出。②

3. 生态保护修复主攻方向。2014年2月8日，国家发展改革委、科技部、财政部等12个部委联合印发的《全国生态保护与建设规划（2013-2020年）》提出，北方防沙带生态保护与建设以林草植被保护与建设为重点，大力营造防风固沙林和绿洲防护林，生物措施和工程措施相结合固定流动和半流动沙丘，实行沙化土地封禁保护；采取围栏封育、人工种草、补播改良、棚圈建设、优良牧草繁育体系建设等措施，对退化草原进行保护和综合治理；统筹调配流域和区域水资源，加强绿

① 国家发展改革委等．全国重要生态系统保护和修复重大工程总体规划（2021-2035年）［EB/OL］．中国政府网，2020-06-12.
② 国家发展改革委等．全国重要生态系统保护和修复重大工程总体规划（2021-2035年）［EB/OL］．中国政府网，2020-06-12.

洲保护，实施保护性耕作，发展旱作雨养农业；发展沙产业，促进农牧民增收。① 2020 年 6 月 3 日，国家发展改革委、自然资源部印发的《全国重要生态系统保护和修复重大工程总体规划（2021-2035 年）》提出，北方防沙带生态保护修复主攻方向是以推动森林、草原和荒漠生态系统的综合整治和自然恢复为导向，立足京津冀协同发展需要和塔里木河荒漠化防治生态功能区等 6 个国家重点生态功能区，全面保护森林、草原、荒漠、河湖、湿地等生态系统，持续推进防护林体系建设、退化草原修复、水土流失综合治理、京津风沙源治理、退耕还林还草，深入开展河湖修复、湿地恢复、矿山生态修复、土地综合整治、地下水超采综合治理等，进一步增加林草植被盖度，增强防风固沙、水土保持、生物多样性等功能，提高自然生态系统质量和稳定性，筑牢我国北方生态安全屏障。②

《全国重要生态系统保护和修复重大工程总体规划（2021-2035年）》提出，要开展北方防沙带生态保护和修复重大工程，即"大力实施三北防护林体系建设、天然林保护、退耕还林还草、草原保护修复、水土流失综合治理、防沙治沙、河湖和湿地保护恢复、地下水超采综合治理、矿山生态修复和土地综合整治等工程。坚持以水定绿、乔灌草相结合，开展大规模国土绿化，大力实施退化林修复；加强沙化土地封禁保护，加快建设锁边防风固沙体系和防风防沙生态林带，强化禁垦（樵、牧、采）、封沙育林育草、网格固沙障等建设，控制沙漠南移；落实草原禁牧休牧轮牧和草畜平衡，实施退牧还草和种草补播，统筹开展退化草原、农牧交错带已垦草原修复；保护修复永定河、白洋淀等重

---

① 国家发展改革委等. 全国生态保护与建设规划（2013-2020 年）［EB/OL］. 国家发展改革委网站，2014-11-19.

② 国家发展改革委等. 全国重要生态系统保护和修复重大工程总体规划（2021-2035年）［EB/OL］. 中国政府网，2020-06-12.

要河湖、湿地，保障重要河流生态流量及湖泊、湿地面积；加强有害生物防治，减少灾害损失；加快推进历史遗留矿山生态修复，解决重点区域历史遗留矿山环境破坏问题"①。

具体而言，北方防沙带生态保护和修复重点工程包括如下内容。（1）京津冀协同发展生态保护和修复。推进雄安新区山水林田湖草生态保护建设，实施白洋淀等湖泊和湿地综合治理，加大京津保地区营造林和湿地恢复，建设环首都森林、湿地公园。加强张承地区植树造林和人工种草建设，推进冬奥赛区绿化，实施退化防护林、退化草原修复提升。加强燕山-太行山水源涵养林建设、水土流失治理。加强永定河、滦河、潮白河、北运河、南运河、大清河等"六河"绿色生态治理，实施地下水超采综合治理。开展京津冀风沙源治理。加大土地综合整治力度。（2）内蒙古高原生态保护和修复。全面加强呼伦贝尔、科尔沁、锡林郭勒、阴山北麓等重要地区草原保护修复，实施退牧还草、人工种草，开展退化草原和已垦草原治理，实施草畜平衡和草原禁牧休牧轮牧。全面保护天然林，科学开展国土绿化，统筹实施退耕还林还草和土地综合整治。加强水土流失和荒漠化防治，对浑善达克等重要沙地和重要风沙源进行科学治理。实施水生态修复治理，逐步恢复呼伦湖、乌梁素海、岱海等重要河湖生态健康。（3）河西走廊生态保护和修复。全面加强天然绿洲和湿地生态保护恢复，实施退耕还林还草、退牧还草和土地综合整治，增加林草植被，开展退化林修复。加强沙化土地综合治理，保护沙区原生植被，对符合条件的沙化土地进行封禁管护。开展黑河、石羊河等河湖湿地生态保护修复，保障河湖尾闾。（4）塔里木河流域生态修复。开展水生态保护修复，实施流域水资源统一管理。推进

---

① 国家发展改革委等. 全国重要生态系统保护和修复重大工程总体规划（2021-2035年）［EB/OL］. 中国政府网，2020-06-12.

塔里木盆地南缘防沙治沙，强化沙化土地封禁管护。加强荒漠天然植被保护和生态公益林管护，开展退耕还林还草和土地综合整治，实施土地轮休和退地减水，建设重点区域防护林体系，对胡杨林进行特殊保护。（5）天山和阿尔泰山森林草原保护。加强山地森林生态系统保护和建设，全面保护天然林资源，加强水源涵养林、防护林建设和退化林修复。加强河流、湖泊、湿地保护和恢复，实施源头保护和退化湿地修复。加强水土流失预防，实施土地轮休和退地减水，开展退牧还草和退化草原修复治理。加强珍稀特有物种资源保护。（6）三北地区矿山生态修复。加快推进历史遗留矿山生态修复，通过地质环境治理、地形重塑、土壤重构、植被重建等综合治理工程，恢复矿山生态。

第六节　南方丘陵山地带

南方丘陵山地带涉及福建、湖南、江西、广东、广西等 5 省区，含南岭山地森林及生物多样性国家重点生态功能区和武夷山等重要山地丘陵区。该区具有世界同纬度带上面积最大、保存最完整的中亚热带森林生态系统，是我国南方的重要生态安全屏障，也是我国重要的动植物种质基因库。

1. 自然生态状况。该区地貌以丘陵为主，间有低山、盆地，南岭山地横贯东西；属于热带、亚热带季风气候，雨热同季，年平均降水量1000-2500 毫米；土壤主要有红壤、砖红壤。该区森林覆盖率高，天然植被以常绿阔叶树占优势，高地分布有常绿阔叶林与落叶阔叶林的混交林、灌丛和草甸，生境类型复杂多样；动植物多样性丰富，是我国南方地区重要的动植物种质基因库，武夷山国家公园已查明的物种总数超过

1.1 万种，其中高等植物 2800 多种、陆生脊椎动物 470 多种、鱼类 60 多种。①

2. 主要生态问题。该地区森林质量不高，挤占生态空间潜在威胁较大，部分地区生态功能出现退化、水土流失和石漠化问题仍很突出。主要表现是天然林生态功能不强，纯林、中幼林分布面积广，每公顷森林蓄积量 76.4 立方米；野生动植物自然栖息地受损，有害生物威胁较大，生物多样性保护形势严峻；矿山开采对山体和植被破坏较为严重，滑坡、山洪等灾害时有发生；区域水土流失面积约 270 万公顷，石漠化面积约为 200 万公顷。②

3. 生态保护修复主攻方向。2014 年 2 月 8 日，国家发展改革委、科技部、财政部等 12 个部委联合印发的《全国生态保护与建设规划（2013-2020 年）》提出，南方丘陵山地带生态保护与建设以天然林草资源保护、林草资源经营和退化森林修复为重点，加强典型生态系统、热带雨林、自然景观、濒危物种和重要经济物种保护，强化中幼龄林抚育和低效林改造，开展多年生人工草地建设，合理开发利用草地资源，加强岩溶地区石漠化综合治理和陡坡耕地退耕还林，加强小流域综合治理和崩岗治理。③ 2020 年 6 月 3 日，国家发展改革委、自然资源部印发的《全国重要生态系统保护和修复重大工程总体规划（2021-2035 年）》提出，南方丘陵山地带生态保护修复主攻方向是以增强森林生态系统质量和稳定性为导向，立足南岭山地森林及生物多样性重点生态功能区，在全面保护常绿阔叶林等原生地带性植被的基础上，科学实施

① 国家发展改革委等. 全国重要生态系统保护和修复重大工程总体规划（2021-2035 年）［EB/OL］. 中国政府网，2020-06-12.

② 国家发展改革委等. 全国重要生态系统保护和修复重大工程总体规划（2021-2035 年）［EB/OL］. 中国政府网，2020-06-12.

③ 国家发展改革委等. 全国生态保护与建设规划（2013-2020 年）［EB/OL］. 国家发展改革委网站，2014-11-19.

森林质量精准提升、中幼林抚育和退化林修复，大力推进水土流失和石漠化综合治理，逐步进行矿山生态修复、土地综合整治，进一步加强河湖生态保护修复，保护濒危物种及其栖息地，连通生态廊道，完善生物多样性保护网络，开展有害生物防治，筑牢南方生态安全屏障。[①]

《全国重要生态系统保护和修复重大工程总体规划（2021－2035年）》提出，要开展南方丘陵山地带生态保护和修复重大工程，即"大力实施天然林保护、防护林体系建设、退耕还林还草、河湖湿地保护修复、石漠化治理、损毁和退化土地生态修复等工程。加强森林资源管护和森林质量精准提升，推进国家储备林建设，提高森林生态系统结构完整性；通过封山育林草等措施，减轻石漠化和水土流失程度；加强水生态保护修复；开展矿山生态修复和土地综合整治；加强珍稀濒危野生动物、苏铁等极小种群植物及其栖息地保护修复，开展有害生物灾害防治"[②]。

具体而言，南方丘陵山地带生态保护和修复重点工程包括如下内容。（1）南岭山地森林及生物多样性保护。加强原生型亚热带常绿阔叶林保护，推进防护林建设和退耕还林还草，开展森林质量精准提升。实施退化湿地恢复、退化草地修复。加强珍稀濒危野生动植物、水生生物保护。开展水生态保护修复，加强水土保持、矿山生态恢复治理和土地综合整治。（2）武夷山森林和生物多样性保护。全面保护亚热带原生性森林生态系统，加强天然林保护和公益林管护，科学开展森林质量精准提升。加大珍稀濒危野生动植物及其栖息地保护，连通生态廊道。加强水生态保护修复和水土流失综合治理。（3）湘桂岩溶地区石漠化

① 国家发展改革委等. 全国重要生态系统保护和修复重大工程总体规划（2021－2035年）[EB/OL]. 中国政府网，2020-06-12.

② 国家发展改革委等. 全国重要生态系统保护和修复重大工程总体规划（2021－2035年）[EB/OL]. 中国政府网，2020-06-12.

综合治理。以石漠化严重县为重点，因地制宜采取封山育林育草、人工造林（种草）、退耕还林还草、草原改良、土地综合整治等多种措施，着力加强林草植被保护与恢复，推进水土资源合理利用。

第七节 海岸带

海岸带涉及辽宁、河北、天津、山东、江苏、上海、浙江、福建、广东、广西、海南等 11 个省区市的近岸近海区，涵盖黄渤海、东海和南海等重要海洋生态系统，含辽东湾、黄河口及邻近海域、北黄海、苏北沿海、长江口-杭州湾、浙中南、台湾海峡、珠江口及邻近海域、北部湾、环海南岛、西沙、南沙等 12 个重点海洋生态区和海南岛中部山区热带雨林国家重点生态功能区。该区域是我国经济最发达、对外开放程度最高、人口最密集的区域，是实施海洋强国战略的主要区域，也是保护沿海地区生态安全的重要屏障。

1. 自然生态状况。该区域是陆地、海洋的交互作用地带，纵贯热带、亚热带、温带三个气候带，季风特征显著，海水表层水温年均 11-27℃，沿海潮汐类型和潮流状况复杂。区域内大陆岸线长度 1.8 万公里，分布 1500 余个大小河口、200 余个海湾，滨海湿地面积约为 580 万公顷。该区拥有红树林、珊瑚礁、海草床、盐沼、海岛、海湾、河口、上升流等多种典型海洋生态系统。区域内海洋物种和生物多样性丰富，记录海洋生物 28000 多种，约占全球海洋物种总数的 13%，是我国乃至全球海洋生物重要产卵场、索饵场、越冬场及洄游通道，是重要的候鸟迁徙路线区域。①

2. 主要生态问题。该区域受全球气候变化、自然资源过度开发利用等影响，局部海域典型海洋生态系统显著退化，部分近岸海域生态功能受损、生物多样性降低、生态系统脆弱，风暴潮、赤潮、绿潮等海洋灾害多发频发。具体表现是 17% 以上的岸段遭受侵蚀，约 42% 的海岸带区域资源环境承载力超载；局部地区红树林、珊瑚礁、海草床、滨海湿地等生态系统退化问题较为严重，调节和防灾减灾功能无法充分发挥；珍稀濒危物种栖息地遭到破坏，有害生物危害严重，生物多样性损失加剧。②

3. 生态保护修复主攻方向。以海岸带生态系统结构恢复和服务功能提升为导向，立足辽东湾等 12 个重点海洋生态区和海南岛中部山区热带雨林国家重点生态功能区，全面保护自然岸线，严格控制过度捕捞等人为威胁，重点推动入海河口、海湾、滨海湿地与红树林、珊瑚礁、海草床等多种典型海洋生态类型的系统保护和修复，综合开展岸线岸滩修复、生境保护修复、外来入侵物种防治、生态灾害防治、海堤生态化建设、防护林体系建设和海洋保护地建设，改善近岸海域生态质量，恢复退化的典型生境，加强候鸟迁徙路径栖息地保护，促进海洋生物资源恢复和生物多样性保护，提升海岸带生态系统结构完整性和功能稳定性，提高抵御海洋灾害的能力。③

2020 年 6 月 3 日，国家发展改革委、自然资源部印发的《全国重要生态系统保护和修复重大工程总体规划（2021－2035 年）》提出，

---

① 国家发展改革委等. 全国重要生态系统保护和修复重大工程总体规划（2021－2035年）［EB/OL］. 中国政府网，2020-06-12.

② 国家发展改革委等. 全国重要生态系统保护和修复重大工程总体规划（2021－2035年）［EB/OL］. 中国政府网，2020-06-12.

③ 国家发展改革委等. 全国重要生态系统保护和修复重大工程总体规划（2021－2035年）［EB/OL］. 中国政府网，2020-06-12.

要开展海岸带生态保护和修复重大工程，即"推进'蓝色海湾'整治，开展退围还海还滩、岸线岸滩修复、河口海湾生态修复、红树林、珊瑚礁、柽柳等典型海洋生态系统保护修复、热带雨林保护、防护林体系等工程建设，加强互花米草等外来入侵物种灾害防治。重点提升粤港澳大湾区和渤海、长江口、黄河口等重要海湾、河口生态环境，推进陆海统筹、河海联动治理，促进近岸局部海域海洋水动力条件恢复；维护海岸带重要生态廊道，保护生物多样性；恢复北部湾典型滨海湿地生态系统结构和功能；保护海南岛热带雨林和海洋特有动植物及其生境，加强海南岛水生态保护修复，提升海岸带生态系统服务功能和防灾减灾能力"①。

具体而言，海岸带生态保护和修复重点工程包括如下内容。（1）粤港澳大湾区生物多样性保护。推进海湾整治，加强海岸线保护与管控，强化受损滨海湿地和珍稀濒危物种关键栖息地保护修复，构建生态廊道和生物多样性保护网络，保护和修复红树林等典型海洋生态系统，提升防护林质量，建设人工鱼礁，实施海堤生态化建设，保护重要海洋生物繁育场。推进珠江三角洲水生态保护修复。（2）海南岛重要生态系统保护和修复。全面保护修复热带雨林生态系统，加强珍稀濒危野生动植物栖息地保护恢复，建设生物多样性保护和河流生态廊道。以红树林、珊瑚礁、海草床等典型生态系统为重点，加强综合整治和重要生境修复，强化自然岸线、滨海湿地保护和恢复。（3）黄渤海生态保护和修复。推进河海联动统筹治理，加快推进渤海综合治理，加强河口和海湾整治修复，实施受损岸线修复和生态化建设，强化盐沼和砂质岸线保护；加强鸭绿江口、辽河口、黄河口、苏北沿海滩涂等重要湿地保护修

---

① 国家发展改革委等. 全国重要生态系统保护和修复重大工程总体规划（2021-2035年）[EB/OL]. 中国政府网，2020-06-12.

复。保护和改善迁徙候鸟重要栖息地，加强海洋生物资源保护和恢复。推进浒苔绿潮灾害源地整治。（4）长江三角洲重要河口区生态保护和修复。加强河口生态系统保护和修复，推动杭州湾、象山港等重点海湾的综合整治，提高海堤生态化水平。加强长江口及舟山群岛周边海域的生物资源养护，保护和改善江豚、中华鲟等珍稀濒危野生动植物栖息地，加强重要湿地保护修复。（5）海峡西岸重点海湾河口生态保护和修复。推进兴化湾、厦门湾、泉州湾、东山湾等半封闭海湾的整治修复，推进侵蚀岸线修复，加强重要河口生态保护修复，重点在漳江口、九龙江口等地实施红树林保护修复，加强海洋生物资源养护和生物多样性保护。（6）北部湾滨海湿地生态系统保护和修复。加强重点海湾环境综合治理，推动北仑河口、山口、雷州半岛西部等地区红树林生态系统保护和修复，开展徐闻、涠洲岛珊瑚礁以及北海、防城港等地海草床保护和修复，建设海岸防护林，推进互花米草防治。

第五章　构建科学合理的自然保护地体系

建立分类科学、布局合理、保护有力、管理有效的以国家公园为主体的自然保护地体系，确保重要自然生态系统、自然遗迹、自然景观和生物多样性得到系统性保护，提升生态产品供给能力，是维护国家生态安全、建设美丽中国、实现中华民族永续发展的重要生态支撑。

第一节　自然保护地体系

自然保护地是生态建设的核心载体，在维护国家生态安全中居于首要地位。针对我国自然保护地存在重叠设置、多头管理、边界不清、权责不明、保护与发展矛盾突出等问题，2019 年 6 月，中共中央办公厅、国务院办公厅印发《关于建立以国家公园为主体的自然保护地体系的指导意见》，强调加快建立以国家公园为主体的自然保护地体系。

1. 建立自然保护地体系的基本原则。（1）坚持严格保护，世代传承。牢固树立尊重自然、顺应自然、保护自然的生态文明理念，把应该保护的地方都保护起来，做到应保尽保，让当代人享受到大自然的馈赠和天蓝地绿水净、鸟语花香的美好家园，给子孙后代留下宝贵自然遗产。（2）坚持依法确权，分级管理。按照山水林田湖草是一个生命共同体的理念，改革以部门设置、以资源分类、以行政区划分设的旧体制，整合优化现有各类自然保护地，构建新型分类体系，实施自然保护地统一设置，分级管理、分区管控，实现依法有效保护。（3）坚持生态为民，科学利用。践行绿水青山就是金山银山理念，探索自然保护和资源利用新模式，发展以生态产业化和产业生态化为主体的生态经济体系，不断满足人民群众对优美生态环境、优良生态产品、优质生态服务的需要。（4）坚持政府主导，多方参与。突出自然保护地体系建设的社会公益性，发挥政府在自然保护地规划、建设、管理、监督、保护和投入等方面的主体作用。建立健全政府、企业、社会组织和公众参与自然保护的长效机制。（5）坚持中国特色，国际接轨。立足国情，继承和发扬我国自然保护的探索和创新成果。借鉴国际经验，注重与国际自然保护体系对接，积极参与全球生态治理，共谋全球生态文明建设。①

2. 建立自然保护地体系的总体目标。建成中国特色的以国家公园为主体的自然保护地体系，推动各类自然保护地科学设置，建立自然生态系统保护的新体制新机制新模式，建设健康稳定高效的自然生态系统，为维护国家生态安全和实现经济社会可持续发展筑牢基石，为建设富强民主文明和谐美丽的社会主义现代化强国奠定生态根基。到 2020年，提出国家公园及各类自然保护地总体布局和发展规划，完成国家公园体制试点，设立一批国家公园，完成自然保护地勘界立标并与生态保护红线衔接，制定自然保护地内建设项目负面清单，构建统一的自然保护地分类分级管理体制。到 2025 年，健全国家公园体制，完成自然保护地整合归并优化，完善自然保护地体系的法律法规、管理和监督制

---

① 中共中央办公厅，国务院办公厅. 关于建立以国家公园为主体的自然保护地体系的指导意见［J］. 中华人民共和国国务院公报，2019（19）：17.

度，提升自然生态空间承载力，初步建成以国家公园为主体的自然保护地体系。到 2035 年，显著提高自然保护地管理效能和生态产品供给能力，自然保护地规模和管理达到世界先进水平，全面建成中国特色自然保护地体系。自然保护地占陆域国土面积 18%以上。①

3. 构建科学合理的自然保护地体系。具体要求如下。

（1）明确自然保护地功能定位。自然保护地是由各级政府依法划定或确认，对重要的自然生态系统、自然遗迹、自然景观及其所承载的自然资源、生态功能和文化价值实施长期保护的陆域或海域。建立自然保护地目的是守护自然生态，保育自然资源，保护生物多样性与地质地貌景观多样性，维护自然生态系统健康稳定，提高生态系统服务功能；服务社会，为人民提供优质生态产品，为全社会提供科研、教育、体验、游憩等公共服务；维持人与自然和谐共生并永续发展。要将生态功能重要、生态环境敏感脆弱以及其他有必要严格保护的各类自然保护地纳入生态保护红线管控范围。

（2）科学划定自然保护地类型。按照自然生态系统原真性、整体性、系统性及其内在规律，依据管理目标与效能并借鉴国际经验，将自然保护地按生态价值和保护强度高低依次分为 3 类。一是国家公园。国家公园是指以保护具有国家代表性的自然生态系统为主要目的，实现自然资源科学保护和合理利用的特定陆域或海域，是我国自然生态系统中最重要、自然景观最独特、自然遗产最精华、生物多样性最富集的部分，保护范围大，生态过程完整，具有全球价值、国家象征，国民认同度高。二是自然保护区。自然保护区是指保护典型的自然生态系统、珍稀濒危野生动植物种的天然集中分布区、有特殊意义的自然遗迹的区

① 中共中央办公厅，国务院办公厅. 关于建立以国家公园为主体的自然保护地体系的指导意见 [J]. 中华人民共和国国务院公报，2019（19）：17.

域。具有较大面积，确保主要保护对象安全，维持和恢复珍稀濒危野生动植物种群数量及赖以生存的栖息环境。三是自然公园。自然公园是指保护重要的自然生态系统、自然遗迹和自然景观，具有生态、观赏、文化和科学价值，可持续利用的区域。确保森林、海洋、湿地、水域、冰川、草原、生物等珍贵自然资源，以及所承载的景观、地质地貌和文化多样性得到有效保护，包括森林公园、地质公园、海洋公园、湿地公园等各类自然公园。制定自然保护地分类划定标准，对现有的自然保护区、风景名胜区、地质公园、森林公园、海洋公园、湿地公园、冰川公园、草原公园、沙漠公园、草原风景区、水产种质资源保护区、野生植物原生境保护区（点）、自然保护小区、野生动物重要栖息地等各类自然保护地开展综合评价，按照保护区域的自然属性、生态价值和管理目标进行梳理调整和归类，逐步形成以国家公园为主体、自然保护区为基础、各类自然公园为补充的自然保护地分类系统。

（3）确立国家公园主体地位。做好顶层设计，科学合理确定国家公园建设数量和规模，在总结国家公园体制试点经验基础上，制定设立标准和程序，划建国家公园。确立国家公园在维护国家生态安全关键区域中的首要地位，确保国家公园在保护最珍贵、最重要生物多样性集中分布区中的主导地位，确定国家公园保护价值和生态功能在全国自然保护地体系中的主体地位。国家公园建立后，在相同区域一律不再保留或设立其他自然保护地类型。

（4）编制自然保护地规划。落实国家发展规划提出的国土空间开发保护要求，依据国土空间规划，编制自然保护地规划，明确自然保护地发展目标、规模和划定区域，将生态功能重要、生态系统脆弱、自然生态保护空缺的区域规划为重要的自然生态空间，纳入自然保护地体系。

（5）整合交叉重叠的自然保护地。以保持生态系统完整性为原则，遵从保护面积不减少、保护强度不降低、保护性质不改变的总体要求，整合各类自然保护地，解决自然保护地区域交叉、空间重叠的问题，将符合条件的优先整合设立国家公园，其他各类自然保护地按照同级别保护强度优先、不同级别低级别服从高级别的原则进行整合，做到一个保护地、一套机构、一块牌子。

（6）归并优化相邻自然保护地。制定自然保护地整合优化办法，明确整合归并规则，严格报批程序。对同一自然地理单元内相邻、相连的各类自然保护地，打破因行政区划、资源分类造成的条块割裂局面，按照自然生态系统完整、物种栖息地连通、保护管理统一的原则进行合并重组，合理确定归并后的自然保护地类型和功能定位，优化边界范围和功能分区，被归并的自然保护地名称和机构不再保留，解决保护管理分割、保护地破碎和孤岛化问题，实现对自然生态系统的整体保护。在上述整合和归并中，对涉及国际履约的自然保护地，可以暂时保留履行相关国际公约时的名称。①

4. 建立统一规范高效的管理体制。主要包括以下几方面。

（1）统一管理自然保护地。理顺现有各类自然保护地管理职能，提出自然保护地设立、晋（降）级、调整和退出规则，制定自然保护地政策、制度和标准规范，实行全过程统一管理。建立统一调查监测体系，建设智慧自然保护地，制定以生态资产和生态服务价值为核心的考核评估指标体系和办法。各地区各部门不得自行设立新的自然保护地类型。

（2）分级行使自然保护地管理职责。结合自然资源资产管理体制

---

① 中共中央办公厅，国务院办公厅. 关于建立以国家公园为主体的自然保护地体系的指导意见 [J]. 中华人民共和国国务院公报，2019（19）：17–19.

改革，构建自然保护地分级管理体制。按照生态系统重要程度，将国家公园等自然保护地分为中央直接管理、中央地方共同管理和地方管理 3 类，实行分级设立、分级管理。中央直接管理和中央地方共同管理的自然保护地由国家批准设立；地方管理的自然保护地由省级政府批准设立，管理主体由省级政府确定。探索公益治理、社区治理、共同治理等保护方式。

（3）合理调整自然保护地范围并勘界立标。制定自然保护地范围和区划调整办法，依规开展调整工作。制定自然保护地边界勘定方案、确认程序和标识系统，开展自然保护地勘界定标并建立矢量数据库，与生态保护红线衔接，在重要地段、重要部位设立界桩和标识牌。确因技术原因引起的数据、图件与现地不符等问题可以按管理程序一次性纠正。

（4）推进自然资源资产确权登记。进一步完善自然资源统一确权登记办法，每个自然保护地作为独立的登记单元，清晰界定区域内各类自然资源资产的产权主体，划清各类自然资源资产所有权、使用权的边界，明确各类自然资源资产的种类、面积和权属性质，逐步落实自然保护地内全民所有自然资源资产代行主体与权利内容，非全民所有自然资源资产实行协议管理。

（5）实行自然保护地差别化管控。根据各类自然保护地功能定位，既严格保护又便于基层操作，合理分区，实行差别化管控。国家公园和自然保护区实行分区管控，原则上核心保护区内禁止人为活动，一般控制区内限制人为活动。自然公园原则上按一般控制区管理，限制人为活动。结合历史遗留问题处理，分类分区制定管理规范。①

---

① 中共中央办公厅，国务院办公厅．关于建立以国家公园为主体的自然保护地体系的指导意见［J］．中华人民共和国国务院公报，2019（19）：19.

5. 创新自然保护地建设发展机制。主要包括以下几点。

（1）加强自然保护地建设。以自然恢复为主，辅以必要的人工措施，分区分类开展受损自然生态系统修复。建设生态廊道、开展重要栖息地恢复和废弃地修复。加强野外保护站点、巡护路网、监测监控、应急救灾、森林草原防火、有害生物防治和疫源疫病防控等保护管理设施建设，利用高科技手段和现代化设备促进自然保育、巡护和监测的信息化、智能化。配置管理队伍的技术装备，逐步实现规范化和标准化。

（2）分类有序解决历史遗留问题。对自然保护地进行科学评估，将保护价值低的建制城镇、村屯或人口密集区域、社区民生设施等调整出自然保护地范围。结合精准扶贫、生态扶贫，核心保护区内原住居民应实施有序搬迁，对暂时不能搬迁的，可以设立过渡期，允许开展必要的、基本的生产活动，但不能再扩大发展。依法清理整治探矿采矿、水电开发、工业建设等项目，通过分类处置方式有序退出；根据历史沿革与保护需要，依法依规对自然保护地内的耕地实施退田还林还草还湖还湿。

（3）创新自然资源使用制度。按照标准科学评估自然资源资产价值和资源利用的生态风险，明确自然保护地内自然资源利用方式，规范利用行为，全面实行自然资源有偿使用制度。依法界定各类自然资源资产产权主体的权利和义务，保护原住居民权益，实现各产权主体共建保护地、共享资源收益。制定自然保护地控制区经营性项目特许经营管理办法，建立健全特许经营制度，鼓励原住居民参与特许经营活动，探索自然资源所有者参与特许经营收益分配机制。对划入各类自然保护地内的集体所有土地及其附属资源，按照依法、自愿、有偿的原则，探索通过租赁、置换、赎买、合作等方式维护产权人权益，实现多元化保护。

（4）探索全民共享机制。在保护的前提下，在自然保护地控制区内划定适当区域开展生态教育、自然体验、生态旅游等活动，构建高品质、多样化的生态产品体系。完善公共服务设施，提升公共服务功能。扶持和规范原住居民从事环境友好型经营活动，践行公民生态环境行为规范，支持和传承传统文化及人地和谐的生态产业模式。推行参与式社区管理，按照生态保护需求设立生态管护岗位并优先安排原住居民。建立志愿者服务体系，健全自然保护地社会捐赠制度，激励企业、社会组织和个人参与自然保护地生态保护、建设与发展。①

6. 加强自然保护地生态环境监督考核。实行最严格的生态环境保护制度，强化自然保护地监测、评估、考核、执法、监督等，形成一整套体系完善、监管有力的监督管理制度。具体包括如下内容。

（1）建立监测体系。建立国家公园等自然保护地生态环境监测制度，制定相关技术标准，建设各类各级自然保护地"天空地一体化"监测网络体系，充分发挥地面生态系统、环境、气象、水文水资源、水土保持、海洋等监测站点和卫星遥感的作用，开展生态环境监测。依托生态环境监管平台和大数据，运用云计算、物联网等信息化手段，加强自然保护地监测数据集成分析和综合应用，全面掌握自然保护地生态系统构成、分布与动态变化，及时评估和预警生态风险，并定期统一发布生态环境状况监测评估报告。对自然保护地内基础设施建设、矿产资源开发等人类活动实施全面监控。

（2）加强评估考核。组织对自然保护地管理进行科学评估，及时掌握各类自然保护地管理和保护成效情况，发布评估结果。适时引入第三方评估制度。对国家公园等各类自然保护地管理进行评价考核，根据实际情况，适时将评价考核结果纳入生态文明建设目标评价考核体系，

① 中共中央办公厅，国务院办公厅. 关于建立以国家公园为主体的自然保护地体系的指导意见［J］. 中华人民共和国国务院公报，2019（19）：19-20.

作为党政领导班子和领导干部综合评价及责任追究、离任审计的重要参考。

（3）严格执法监督。制定自然保护地生态环境监督办法，建立包括相关部门在内的统一执法机制，在自然保护地范围内实行生态环境保护综合执法，制定自然保护地生态环境保护综合执法指导意见。强化监督检查，定期开展"绿盾"自然保护地监督检查专项行动，及时发现涉及自然保护地的违法违规问题。对违反各类自然保护地法律法规等规定，造成自然保护地生态系统和资源环境受到损害的部门、地方、单位和有关责任人员，按照有关法律法规严肃追究责任，涉嫌犯罪的移送司法机关处理。建立督查机制，对自然保护地保护不力的责任人和责任单位进行问责，强化地方政府和管理机构的主体责任。①

7. 建立自然保护地体系的保障措施。具体包括如下内容。

（1）加强党的领导。地方各级党委和政府要增强"四个意识"，严格落实生态环境保护党政同责、一岗双责，担负起相关自然保护地建设管理的主体责任，建立统筹推进自然保护地体制改革的工作机制，将自然保护地发展和建设管理纳入地方经济社会发展规划。各相关部门要履行好自然保护职责，加强统筹协调，推动工作落实。重大问题及时报告党中央、国务院。

（2）完善法律法规体系。加快推进自然保护地相关法律法规和制度建设，加大法律法规立改废释工作力度。修改完善自然保护区条例，突出以国家公园保护为主要内容，推动制定出台自然保护地法，研究提出各类自然公园的相关管理规定。在自然保护地相关法律、行政法规制定或修订前，自然保护地改革措施需要突破现行法律、行政法规规定

---

① 中共中央办公厅，国务院办公厅. 关于建立以国家公园为主体的自然保护地体系的指导意见［J］. 中华人民共和国国务院公报，2019（19）：20.

的，要按程序报批，取得授权后施行。

（3）建立以财政投入为主的多元化资金保障制度。统筹包括中央基建投资在内的各级财政资金，保障国家公园等各类自然保护地保护、运行和管理。国家公园体制试点结束后，结合试点情况完善国家公园等自然保护地经费保障模式；鼓励金融和社会资本出资设立自然保护地基金，对自然保护地建设管理项目提供融资支持。健全生态保护补偿制度，将自然保护地内的林木按规定纳入公益林管理，对集体和个人所有的商品林，地方可依法自主优先赎买；按自然保护地规模和管护成效加大财政转移支付力度，加大对生态移民的补偿扶持投入。建立完善野生动物肇事损害赔偿制度和野生动物伤害保险制度。

（4）加强管理机构和队伍建设。自然保护地管理机构会同有关部门承担生态保护、自然资源资产管理、特许经营、社会参与和科研宣教等职责，当地政府承担自然保护地内经济发展、社会管理、公共服务、防灾减灾、市场监管等职责。按照优化协同高效的原则，制定自然保护地机构设置、职责配置、人员编制管理办法，探索自然保护地群的管理模式。适当放宽艰苦地区自然保护地专业技术职务评聘条件，建设高素质专业化队伍和科技人才团队。引进自然保护地建设和发展急需的管理和技术人才。通过互联网等现代化、高科技教学手段，积极开展岗位业务培训，实行自然保护地管理机构工作人员继续教育全覆盖。

（5）加强科技支撑和国际交流。设立重大科研课题，对自然保护地关键领域和技术问题进行系统研究。建立健全自然保护地科研平台和基地，促进成熟科技成果转化落地。加强自然保护地标准化技术支撑工作。自然保护地资源可持续经营管理、生态旅游、生态康养等活动可研究建立认证机制。充分借鉴国际先进技术和体制机制建设经验，积极参与全球自然生态系统保护，承担并履行好与发展中大国相适应的国际责任，为全球提供自然保护的中国方案。①

第二节　国家公园

2013 年 11 月 12 日颁发的《中共中央关于全面深化改革若干重大问题的决定》，提出建立国家公园体制。2015 年 1 月，国家发展改革委等 13 部门联合发布了《建立国家公园体制试点方案》，明确了建立国家公园体制试点目标是试点区域国家级自然保护区、国家级风景名胜区、世界文化自然遗产、国家森林公园、国家地质公园等禁止开发区域，交叉重叠、多头管理的碎片化问题得到基本解决，形成统一、规范、高效的管理体制和资金保障机制，自然资源资产产权归属更加明确，统筹保护和利用取得重要成效，形成可复制、可推广的保护管理模式。2015 年 6 月，选定北京、吉林、黑龙江、浙江、福建、湖北、湖南、云南、青海等 9 省市开展建立国家公园体制试点，试点时间至 2017 年底。

2017 年 9 月，中共中央办公厅、国务院办公厅印发了《建立国家公园体制总体方案》，强调以加强自然生态系统原真性、完整性保护为基础，以实现国家所有、全民共享、世代传承为目标，理顺管理体制，创新运营机制，健全法治保障，强化监督管理，构建统一规范高效的中国特色国家公园体制。

1. 建立国家公园体制的基本原则。具体包括以下三点。（1）科学定位、整体保护。坚持将山水林田湖草沙作为一个生命共同体，统筹考

---

① 中共中央办公厅，国务院办公厅. 关于建立以国家公园为主体的自然保护地体系的指导意见 [J]. 中华人民共和国国务院公报，2019（19）：20-21.

虑保护与利用，对相关自然保护地进行功能重组，合理确定国家公园的范围。按照自然生态系统整体性、系统性及其内在规律，对国家公园实行整体保护、系统修复、综合治理。（2）合理布局、稳步推进。立足我国生态保护现实需求和发展阶段，科学确定国家公园空间布局。将创新体制和完善机制放在优先位置，做好体制机制改革过程中的衔接，成熟一个设立一个，有步骤、分阶段推进国家公园建设。（3）国家主导、共同参与。国家公园由国家确立并主导管理。建立健全政府、企业、社会组织和公众共同参与国家公园保护管理的长效机制，探索社会力量参与自然资源管理和生态保护的新模式。加大财政支持力度，广泛引导社会资金多渠道投入。①

2. 建立国家公园体制的主要目标。建成统一规范高效的中国特色国家公园体制，交叉重叠、多头管理的碎片化问题得到有效解决，国家重要自然生态系统原真性、完整性得到有效保护，形成自然生态系统保护的新体制新模式，促进生态环境治理体系和治理能力现代化，保障国家生态安全，实现人与自然和谐共生。到 2020 年，建立国家公园体制试点基本完成，整合设立一批国家公园，分级统一的管理体制基本建立，国家公园总体布局初步形成。到 2030 年，国家公园体制更加健全，分级统一的管理体制更加完善，保护管理效能明显提高。②

3. 科学界定国家公园内涵。主要包括如下内容。

（1）树立正确国家公园理念。一是坚持生态保护第一。建立国家公园的目的是保护自然生态系统的原真性、完整性，始终突出自然生态系统的严格保护、整体保护、系统保护，把最应该保护的地方保护起

---

① 中共中央办公厅，国务院办公厅. 建立国家公园体制总体方案［J］. 中华人民共和国国务院公报，2017（29）：8.

② 中共中央办公厅，国务院办公厅. 建立国家公园体制总体方案［J］. 中华人民共和国国务院公报，2017（29）：8.

来。国家公园坚持世代传承，给子孙后代留下珍贵的自然遗产。二是坚持国家代表性。国家公园既具有极其重要的自然生态系统，又拥有独特的自然景观和丰富的科学内涵，国民认同度高。国家公园以国家利益为主导，坚持国家所有，具有国家象征，代表国家形象，彰显中华文明。三是坚持全民公益性。国家公园坚持全民共享，着眼于提升生态系统服务功能，开展自然环境教育，为公众提供亲近自然、体验自然、了解自然以及作为国民福利的游憩机会。鼓励公众参与，调动全民积极性，激发自然保护意识，增强民族自豪感。

（2）明确国家公园定位。国家公园是我国自然保护地最重要类型之一，属于全国主体功能区规划中的禁止开发区域，纳入全国生态保护红线区域管控范围，实行最严格的保护。国家公园的首要功能是重要自然生态系统的原真性、完整性保护，同时兼具科研、教育、游憩等综合功能。

（3）确定国家公园空间布局。制定国家公园设立标准，根据自然生态系统代表性、面积适宜性和管理可行性，明确国家公园准入条件，确保自然生态系统和自然遗产具有国家代表性、典型性，确保面积可以维持生态系统结构、过程、功能的完整性，确保全民所有的自然资源资产占主体地位，管理上具有可行性。研究提出国家公园空间布局，明确国家公园建设数量、规模。统筹考虑自然生态系统的完整性和周边经济社会发展的需要，合理划定单个国家公园范围。国家公园建立后，在相关区域内一律不再保留或设立其他自然保护地类型。

（4）优化完善自然保护地体系。改革分头设置自然保护区、风景名胜区、文化自然遗产、地质公园、森林公园等的体制，对我国现行自然保护地保护管理效能进行评估，逐步改革按照资源类型分类设置自然保护地体系，研究科学的分类标准，厘清各类自然保护地关系，构建以国家公园为代表的自然保护地体系。进一步研究自然保护区、风景名胜区等自然保护地功能定位。①

4. 建立统一事权、分级管理体制。主要包括以下几方面。

（1）建立统一管理机构。整合相关自然保护地管理职能，结合生态环境保护管理体制、自然资源资产管理体制、自然资源监管体制改革，由一个部门统一行使国家公园自然保护地管理职责。国家公园设立后整合组建统一的管理机构，履行国家公园范围内的生态保护、自然资源资产管理、特许经营管理、社会参与管理、宣传推介等职责，负责协调与当地政府及周边社区关系。可根据实际需要，授权国家公园管理机构履行国家公园范围内必要的资源环境综合执法职责。

（2）分级行使所有权。统筹考虑生态系统功能重要程度、生态系统效应外溢性、是否跨省级行政区和管理效率等因素，国家公园内全民所有自然资源资产所有权由中央政府和省级政府分级行使。其中，部分国家公园的全民所有自然资源资产所有权由中央政府直接行使，其他的委托省级政府代理行使。条件成熟时，逐步过渡到国家公园内全民所有自然资源资产所有权由中央政府直接行使。按照自然资源统一确权登记办法，国家公园可作为独立自然资源登记单元，依法对区域内水流、森林、山岭、草原、荒地、滩涂等所有自然生态空间统一进行确权登记。划清全民所有和集体所有之间的边界，划清不同集体所有者的边界，实现归属清晰、权责明确。

（3）构建协同管理机制。合理划分中央和地方事权，构建主体明确、责任清晰、相互配合的国家公园中央和地方协同管理机制。中央政府直接行使全民所有自然资源资产所有权的，地方政府根据需要配合国

---

① 中共中央办公厅，国务院办公厅.建立国家公园体制总体方案 [J].中华人民共和国国务院公报，2017（29）：8-9.

家公园管理机构做好生态保护工作。省级政府代理行使全民所有自然资源资产所有权的，中央政府要履行应有事权，加大指导和支持力度。国家公园所在地方政府行使辖区（包括国家公园）经济社会发展综合协调、公共服务、社会管理、市场监管等职责。

（4）建立健全监管机制。相关部门依法对国家公园进行指导和管理。健全国家公园监管制度，加强国家公园空间用途管制，强化对国家公园生态保护等工作情况的监管。完善监测指标体系和技术体系，定期对国家公园开展监测。构建国家公园自然资源基础数据库及统计分析平台。加强对国家公园生态系统状况、环境质量变化、生态文明制度执行情况等方面的评价，建立第三方评估制度，对国家公园建设和管理进行科学评估。建立健全社会监督机制，建立举报制度和权益保障机制，保障社会公众的知情权、监督权，接受各种形式的监督。①

5. 建立资金保障制度。主要包括两方面内容。（1）建立财政投入为主的多元化资金保障机制。立足国家公园的公益属性，确定中央与地方事权划分，保障国家公园的保护、运行和管理。中央政府直接行使全民所有自然资源资产所有权的国家公园支出由中央政府出资保障。委托省级政府代理行使全民所有自然资源资产所有权的国家公园支出由中央和省级政府根据事权划分分别出资保障。加大政府投入力度，推动国家公园回归公益属性。在确保国家公园生态保护和公益属性的前提下，探索多渠道多元化的投融资模式。（2）构建高效的资金使用管理机制。国家公园实行收支两条线管理，各项收入上缴财政，各项支出由财政统筹安排，并负责统一接受企业、非政府组织、个人等社会捐赠资金，进

---

① 中共中央办公厅，国务院办公厅．建立国家公园体制总体方案［J］．中华人民共和国国务院公报，2017（29）：9-10.

行有效管理。建立财务公开制度,确保国家公园各类资金使用公开透明。①

6. 完善自然生态系统保护制度。主要包括三方面内容。

(1)健全严格保护管理制度。加强自然生态系统原真性、完整性保护,做好自然资源本底情况调查和生态系统监测,统筹制定各类资源的保护管理目标,着力维持生态服务功能,提高生态产品供给能力。生态系统修复坚持以自然恢复为主,生物措施和其他措施相结合。严格规划建设管控,除不损害生态系统的原住民生产生活设施改造和自然观光、科研、教育、旅游外,禁止其他开发建设活动。国家公园区域内不符合保护和规划要求的各类设施、工矿企业等逐步搬离,建立已设矿业权逐步退出机制。

(2)实施差别化保护管理方式。编制国家公园总体规划及专项规划,合理确定国家公园空间布局,明确发展目标和任务,做好与相关规划的衔接。按照自然资源特征和管理目标,合理划定功能分区,实行差别化保护管理。重点保护区域内居民要逐步实施生态移民搬迁,集体土地在充分征求其所有权人、承包权人意见基础上,优先通过租赁、置换等方式规范流转,由国家公园管理机构统一管理。其他区域内居民根据实际情况,实施生态移民搬迁或实行相对集中居住,集体土地可通过合作协议等方式实现统一有效管理。探索协议保护等多元化保护模式。

(3)完善责任追究制度。强化国家公园管理机构的自然生态系统保护主体责任,明确当地政府和相关部门的相应责任。严厉打击违法违规开发矿产资源或其他项目、偷排偷放污染物、偷捕盗猎野生动物等各类环境违法犯罪行为。严格落实考核问责制度,建立国家公园管理机构

---

① 中共中央办公厅,国务院办公厅. 建立国家公园体制总体方案 [J]. 中华人民共和国国务院公报,2017(29):10.

自然生态系统保护成效考核评估制度，全面实行环境保护"党政同责、一岗双责"，对领导干部实行自然资源资产离任审计和生态环境损害责任追究制。对违背国家公园保护管理要求、造成生态系统和资源环境严重破坏的要记录在案，依法依规严肃问责、终身追责。①

7. 构建社区协调发展制度。主要包括三方面内容。

（1）建立社区共管机制。根据国家公园功能定位，明确国家公园区域内居民的生产生活边界，相关配套设施建设要符合国家公园总体规划和管理要求，并征得国家公园管理机构同意。周边社区建设要与国家公园整体保护目标相协调，鼓励通过签订合作保护协议等方式，共同保护国家公园周边自然资源。引导当地政府在国家公园周边合理规划建设入口社区和特色小镇。

（2）健全生态保护补偿制度。建立健全森林、草原、湿地、荒漠、海洋、水流、耕地等领域生态保护补偿机制，加大重点生态功能区转移支付力度，健全国家公园生态保护补偿政策。鼓励受益地区与国家公园所在地区通过资金补偿等方式建立横向补偿关系。加强生态保护补偿效益评估，完善生态保护成效与资金分配挂钩的激励约束机制，加强对生态保护补偿资金使用的监督管理。鼓励设立生态管护公益岗位，吸收当地居民参与国家公园保护管理和自然环境教育等。

（3）完善社会参与机制。在国家公园设立、建设、运行、管理、监督等各环节，以及生态保护、自然教育、科学研究等各领域，引导当地居民、专家学者、企业、社会组织等积极参与。鼓励当地居民或其举办的企业参与国家公园内特许经营项目。建立健全志愿服务机制和社会监督机制。依托高等学校和企事业单位等建立一批国家公园人才教育培

---

① 中共中央办公厅，国务院办公厅. 建立国家公园体制总体方案［J］. 中华人民共和国国务院公报，2017（29）：10.

训基地。①

2020 年 8 月，由国家林草局申请，国家市场监管总局、国家标准化管理委员会审查批准了《国家公园设立规范》《国家公园总体规划技术规范》《国家公园监测规范》《国家公园考核评价规范》《自然保护地勘界立标规范》等 5 项国家标准制定计划立项，启动了国家标准制修订快速程序，用 4 个月时间完成标准制定的程序要求，于 2020 年 12 月22 日正式发布，其中《国家公园设立规范》进行修订后于 2021 年 10月 11 日正式发布实施。《国家公园设立规范》等 5 项国家标准贯穿了国家公园设立、规划、勘界立标、监测和考核评价的管理全过程，为构建统一规范高效的中国特色国家公园体制提供了重要支撑。

2021 年 10 月 12 日，中国政府宣布设立三江源、大熊猫、东北虎豹、海南热带雨林、武夷山等首批五个国家公园。其中，三江源国家公园，保护面积 19.07 万平方公里，实现了长江、黄河、澜沧江源头的整体保护，是地球第三极青藏高原高寒生态系统大尺度保护的典范；大熊猫国家公园，保护面积 2.2 万平方公里，横跨四川、陕西、甘肃三省，是野生大熊猫集中分布区和主要繁衍栖息地，保护了全国 70% 以上的野生大熊猫；东北虎豹国家公园，保护面积 1.41 万平方公里，居住着中国境内规模最大、唯一具有繁殖家族的野生东北虎、东北豹种群，是温带森林生态系统的典型代表；海南热带雨林国家公园，保护面积4269 平方公里，保存了中国最完整、最多样的岛屿型热带雨林，是全球最濒危的灵长类动物——海南长臂猿的唯一分布地；武夷山国家公园，保护面积 1280 平方公里，实现了福建和江西区域武夷山生态系统

---

① 中共中央办公厅，国务院办公厅．建立国家公园体制总体方案 [J]．中华人民共和国国务院公报，2017（29）：10-11．

整体保护，拥有世界文化和自然"双遗产"。①

第三节　自然保护区

1994 年 10 月 9 日，国务院印发了《自然保护区条例》，明确了自然保护区的建设、管理及法律责任等问题。1998 年 8 月 4 日，国务院办公厅印发的《关于进一步加强自然保护区管理工作的通知》强调，"建立自然保护区，加强对有代表性的自然生态系统、珍稀濒危野生动植物物种和有特殊意义的自然遗迹的保护，是保护自然环境、自然资源和生物多样性的有效措施，是社会经济可持续发展的客观要求"②。2002 年 11 月 19 日，国家环境保护总局印发了《关于进一步加强自然保护区建设和管理工作的通知》，强调抓紧做好自然保护区的划界立标和土地确权工作，明确边界和土地权属；合理划定自然保护区，加强自然保护区范围、功能区调整工作的管理；切实加强自然保护区内资源开发活动的监督管理；强化机构建设，稳定管理队伍，提高管理水平；建立和完善自然保护区的发展和制约机制，加强对自然保护区的监督检查和管理。③

2006 年 10 月 26 日，国家环境保护总局印发了《国家级自然保护区监督检查办法》，明确了国家级自然保护区定期评估的内容。（一）管

---

① 单璐. 国家林草局详解为何首批设立这 5 个国家公园 [EB/OL]. 中国新闻网，2021-10-21.

② 国务院办公厅. 关于进一步加强自然保护区管理工作的通知 [J]. 中华人民共和国国务院公报，1998（20）：798.

③ 国家环境保护总局. 关于进一步加强自然保护区建设和管理工作的通知 [EB/OL]. 国家生态环境部网站，2009-10-22.

护设施状况；（二）面积和功能分区适宜性、范围、界线和土地权属；（三）管理规章、规划的制定及其实施情况；（四）资源本底、保护及利用情况；（五）科研、监测、档案和标本情况；（六）自然保护区内建设项目管理情况；（七）旅游和其他人类活动情况；（八）与周边社区的关系状况；（九）宣传教育、培训、交流与合作情况；（十）管理经费情况；（十一）其他应当评估的内容。①

国家级自然保护区执法检查的内容如下。（一）国家级自然保护区的设立、范围和功能区的调整以及名称的更改是否符合有关规定；（二）国家级自然保护区内是否存在违法砍伐、放牧、狩猎、捕捞、采药、开垦、烧荒、开矿、采石、挖沙、影视拍摄以及其他法律法规禁止的活动；（三）国家级自然保护区内是否存在违法的建设项目，排污单位的污染物排放是否符合环境保护法律、法规及自然保护区管理的有关规定，超标排污单位限期治理的情况；（四）涉及国家级自然保护区且其环境影响评价文件依法由地方环境保护行政主管部门审批的建设项目在审批前，其环境影响评价文件中的生态影响专题报告是否征得省级环境保护行政主管部门的同意；（五）国家级自然保护区内是否存在破坏、侵占、非法转让自然保护区的土地或者其他自然资源的行为；（六）在国家级自然保护区的实验区开展参观、旅游活动的，自然保护区管理机构是否编制方案，编制的方案是否符合自然保护区管理目标；国家级自然保护区的参观、旅游活动是否按照编制的方案进行；（七）国家级自然保护区建设是否符合建设规划（总体规划）要求，相关基础设施、设备是否符合国家有关标准和技术规范；（八）国家级自然保护区管理机构是否依法履行职责；（九）国家级自然保护区的建设和管理

---

① 国家环境保护总局. 国家级自然保护区监督检查办法［EB/OL］. 国家生态环境部网站，2009-10-22.

经费的使用是否符合国家有关规定；（十）法律法规规定的应当实施监督检查的其他内容。①

2010 年 12 月 28 日，国务院办公厅印发了《关于做好自然保护区管理有关工作的通知》，强调科学规划自然保护区的发展，强化对自然保护区范围和功能区调整的管理，严格限制涉及自然保护区的开发建设活动，加强涉及自然保护区开发建设项目管理，规范自然保护区内土地和海域管理，强化监督检查，加大资金投入，增强科技支撑，加强领导和协调。

2013 年 12 月 2 日，国务院印发的《国家级自然保护区调整管理规定》强调指出："调整国家级自然保护区原则上不得缩小核心区、缓冲区面积，应确保主要保护对象得到有效保护，不破坏生态系统和生态过程的完整性，不损害生物多样性，不得改变自然保护区性质。"② 2015年 5 月 6 日，环境保护部等 10 部门印发的《关于进一步加强涉及自然保护区开发建设活动监督管理的通知》指出：近年来，一些企业和单位无视国家法律法规，一些地方重发展、轻保护，为了追求眼前和局部的经济增长，在自然保护区内进行盲目开发、过度开发、无序开发，使自然保护区受到的威胁和影响不断加大，有的甚至遭到破坏。③ 该《通知》强调加强对涉及自然保护区开发建设活动的监督管理，严肃查处各种违法违规行为，并对此作出具体部署。

1. 切实提高对自然保护区工作重要性的认识。自然保护区是保护生态环境和自然资源的有效措施，是维护生态安全、建设美丽中国的有

① 国家环境保护总局. 国家级自然保护区监督检查办法［EB/OL］. 国家生态环境部网站，2009-10-22.

② 国务院. 国家级自然保护区调整管理规定［J］. 中华人民共和国国务院公报，2014（1）：35.

③ 李瑞农. 中国环境年鉴（2016）［M］. 北京：中国环境年鉴社，2016：167.

力手段，是走向生态文明新时代、实现中华民族永续发展的重要保障。各地区、各部门要进一步提高对自然保护区重要性的认识，正确处理好发展与保护的关系，决不能先破坏后治理，以牺牲环境、浪费资源为代价换取一时的经济增长。要加强对自然保护区工作的组织领导，严格执法，强化监管，认真解决自然保护区的困难和问题，切实把自然保护区建设好、管理好、保护好。①

2. 严格执行有关法律法规。自然保护区属于禁止开发区域，严禁在自然保护区内开展不符合功能定位的开发建设活动。地方各有关部门要严格执行《自然保护区条例》等相关法律法规，禁止在自然保护区核心区、缓冲区开展任何开发建设活动，建设任何生产经营设施；在实验区不得建设污染环境、破坏自然资源或自然景观的生产设施。②

3. 抓紧组织开展自然保护区开发建设活动专项检查。地方各有关部门近期要对本行政区自然保护区内存在的开发建设活动进行一次全面检查。检查重点为自然保护区内开展的采矿、探矿、房地产、水（风）电开发、开垦、挖沙采石，以及核心区、缓冲区内的旅游开发建设等其他破坏资源和环境的活动。要落实责任，建立自然保护区管理机构对违法违规活动自查自纠、自然保护区主管部门监督的工作机制。要将检查结果向社会公布，充分发挥社会舆论的监督作用，鼓励社会公众举报、揭发涉及自然保护区违法违规建设活动。③

4. 坚决整治各种违法开发建设活动。地方各有关部门要依据相关法规，对检查发现的违法开发建设活动进行专项整治。禁止在自然保护区内进行开矿、开垦、挖沙、采石等法律明令禁止的活动，对在核心区和缓冲区内违法开展的水（风）电开发、房地产、旅游开发等活动，

① 李瑞农. 中国环境年鉴（2016）[M]. 北京：中国环境年鉴社，2016：167.
② 李瑞农. 中国环境年鉴（2016）[M]. 北京：中国环境年鉴社，2016：167.
③ 李瑞农. 中国环境年鉴（2016）[M]. 北京：中国环境年鉴社，2016：167.

要立即予以关停或关闭，限期拆除，并实施生态恢复。对于实验区内未批先建、批建不符的项目，要责令停止建设或使用，并恢复原状。对违法排放污染物和影响生态环境的项目，要责令限期整改；整改后仍不达标的，要坚决依法关停或关闭。对自然保护区内已设置的商业探矿权、采矿权和取水权，要限期退出；对自然保护区设立之前已存在的合法探矿权、采矿权和取水权，以及自然保护区设立之后各项手续完备且已征得保护区主管部门同意设立的探矿权、采矿权和取水权，要分类提出差别化的补偿和退出方案，在保障探矿权、采矿权和取水权人合法权益的前提下，依法退出自然保护区核心区和缓冲区。在保障原有居民生存权的条件下，保护区内原有居民的自用房建设应符合土地管理相关法律规定和自然保护区分区管理相关规定，新建、改建房应沿用当地传统居民风格，不应对自然景观造成破坏。对不符合自然保护区相关管理规定但在设立前已合法存在的其他历史遗留问题，要制定方案，分步推动解决。对于开发活动造成重大生态破坏的，要暂停审批项目所在区域内建设项目环境影响评价文件，并依法追究相关单位和人员的责任。①

5. 加强对涉及自然保护区建设项目的监督管理。地方各有关部门依据各自职责，切实加强涉及自然保护区建设项目的准入审查。建设项目选址（线）应尽可能避让自然保护区，确因重大基础设施建设和自然条件等因素限制无法避让的，要严格执行环境影响评价等制度，涉及国家级自然保护区的，建设前须征得省级以上自然保护区主管部门同意，并接受监督。对经批准同意在自然保护区内开展的建设项目，要加强对项目施工期和运营期的监督管理，确保各项生态保护措施落实到位。保护区管理机构要对项目建设进行全过程跟踪，开展生态监测，发

---

① 李瑞农. 中国环境年鉴（2016）[M]. 北京：中国环境年鉴社，2016：167-168.

现问题应当及时处理和报告。①

6. 严格自然保护区范围和功能区调整。地方各有关部门要认真执行《国家级自然保护区调整管理规定》，从严控制自然保护区调整。对自然保护区造成生态破坏的不合理调整，应当予以撤销。擅自调整的，要责令限期整改，恢复原状，并依法追究相关单位和人员的责任。各地要抓紧制定和完善本省区市地方级自然保护区的调整管理规定，不得随意改变自然保护区的性质、范围和功能区划，环境保护部将会同其他自然保护区主管部门完善地方级自然保护区调整备案制度，开展事后监督。②

7. 完善自然保护区管理制度和政策措施。地方各有关部门应当加强自然保护区制度建设，研究建立考核和责任追究制度，实行任期目标管理。国家级自然保护区由其所在地的省级人民政府有关自然保护区行政主管部门或者国务院有关自然保护区行政主管部门管理。认真落实《国务院办公厅关于做好自然保护区管理有关工作的通知》要求，保障自然保护区建设管理经费，完善自然保护区生态补偿政策。对自然保护区内土地、海域和水域等不动产实施统一登记，加强管理，落实用途管制。禁止社会资本进入自然保护区探矿，保护区内探明的矿产只能作为国家战略储备资源。要加强地方级自然保护区的基础调查、规划和日常管理工作，依法确认自然保护区的范围和功能区划，予以公告并勘界立标，加强日常监管，鼓励公众参与，共同做好保护工作。③

国家公园和自然保护区拥有共同的特征。（1）它们都是重要的自然保护地类型，在自然保护方面的目标和方向一致。自然保护地对于生

---

① 李瑞农. 中国环境年鉴（2016）[M]. 北京：中国环境年鉴社，2016：168.
② 李瑞农. 中国环境年鉴（2016）[M]. 北京：中国环境年鉴社，2016：168.
③ 李瑞农. 中国环境年鉴（2016）[M]. 北京：中国环境年鉴社，2016：168.

物多样性的保护至关重要，它是国家实施保护策略的基础，是阻止濒危物种灭绝的唯一出路。国家公园和自然保护区是最主要和最重要的自然保护地类型，依托它们，可以保存能够证明地球历史及演化过程的一些重要特征，其中有的还以人文景观的形式记录了人类活动与自然界相互作用的微妙关系。作为物种的避难所，国家公园和自然保护区能够为自然生态系统的正常运行提供保障，保护和恢复自然或接近自然的生态系统。（2）它们都受到严格的保护。国家公园和自然保护区都是以保护重要的自然生态系统、自然资源、自然遗迹和生物多样性为目的，都被划入生态红线，属于主体功能区中的禁止开发区，受到法律的保护。特别是在生态文明建设的大背景下，我国高度重视生态保护，国家公园和自然保护区都是中央生态环保督察的重点。（3）它们都受到统一的管理。国家机构改革方案明确，成立国家林业和草原局，加挂国家公园管理局牌子，统一管理国家公园等各类自然保护地。此举彻底克服了多头管理的弊端，理顺了管理体制，这在世界范围内都是先进的自然保护地管理体制。①

从特征上看，国家公园的特别之处主要体现在 6 个"更"，即更"高、大、上"，更"全、新、严"。更高，指的是国家代表性强，大部分区域处于自然生态系统的顶级状态，生态重要程度高、景观价值高、管理层级高。更大，指的是面积更大、景观尺度大，恢宏大气。更上，指的是更上档次，自上而下设立，统领自然保护地，代表国家名片，彰显中华形象。更全，指的是生态系统类型、功能齐全，生态过程完整，食物链完整。更新，指的是新的自然保护地形式、新的自然保护体制、新的生态保护理念。国家公园在国际上已经有 100 多年历史，但在中国

①　唐芳林. 国家公园与自然保护区：各司其职的"孪生兄弟"［N］. 光明日报，2018-12-29（9）.

出现才 10 多年，还是新鲜事物，具有鲜明的中国特色。更严，指的是国家公园实行最严格保护、更规范的管理。

自然保护区也有鲜明的特点，主要体现为 4 个"更"——更早、更多、更广、更难。更早，指的是成立最早。更多，指的是数量最多，目前全国各级各类自然保护区数量达 2750 处，而国家公园试点区才有 10 处。更广，指的是分布范围广，遍布全国各地，包括陆地和海洋等各种类型。更难，指的是管理难度大，历史遗留问题多，特别是自然保护与社区发展矛盾突出，需要被重点关注。①

国家公园与自然保护区还有 10 个方面的具体区别。（1）设立程序不同。国家公园系自上而下，由国家批准设立并主导管理；自然保护区则自下而上申报，根据级别分别由县、市、省、国家批准设立并分级管理。（2）层级不同。国家公园管理层级最高，不分级别，由中央直接行使自然资源资产所有权；自然保护区分为国家级、省级、县级，以地方管理为主。（3）类型不同。国家公园是一个或多个生态系统的综合，突破行政区划界线，强调完整性和原真性，力图形成山水林田湖草生命共同体后进行整体保护、系统修复；自然保护区根据保护对象分为自然生态系统、野生生物、自然遗迹三大类，以及森林、草原、荒漠、海洋等九个类别。（4）国家代表性程度不同。国家公园是国家名片，具有全球和国家意义，如大熊猫、三江源、武夷山等国家公园试点区，以及珠峰、秦岭、张家界等国家公园候选区，有的是世界自然文化遗产地，有的是名山大川和典型地理单元代表；自然保护区不强求具有国家代表性，只要是重要的生物多样性富集区域、物种重要栖息地，或其他分布有保护对象并具有保护价值的区域，均可成为自然保护区。（5）面积

---

① 唐芳林 . 国家公园与自然保护区：各司其职的"孪生兄弟"［N］. 光明日报，2018-12-29（9）.

规模不同。国家公园数量少但范围大，一般不少于 100 平方公里，大的超过 10 万平方公里；自然保护区数量多，面积大小不一，有的很大，有的甚至就是一棵古树、一片树林或者一个物种的栖息范围。（6）完整性不同。国家公园强调生态系统的完整性，景观尺度大、价值高；自然保护区不强求完整性，景观价值也不一定高，主要保护具有代表性的自然生态系统和具有特殊意义的自然遗迹。（7）功能分区不同。国家公园分为禁止人为活动的"核心区"和限制人为活动的"控制区"；自然保护区分为"核心区、缓冲区、实验区"。为了实现精细化、差别化的专业管理，国家公园管理者会进一步将其功能区细分为"严格保护区""生态保育区""传统利用区""科教游憩区"。（8）事权不同。国家公园是中央事权，主要由中央出资保障；自然保护区是地方事权，主要由地方出资保障。（9）土地属性不同。国家公园国有土地比例高，便于过渡到全民所有自然资源产权由中央统一行使；自然保护区集体土地比例相对较高，一般通过协议等形式纳入保护管理，分级行使所有权。（10）优先性不同。国家公园是最重要的自然保护地类型，处于首要和主体地位，是构成自然保护地体系的骨架和主体，是自然保护地的典型代表。具备条件的自然保护区可能会被整合转型为国家公园，而国家公园则不会转型为自然保护区。①

第四节　自然公园

自然公园包括地质公园、海洋公园、森林公园、湿地公园、沙漠公

---

① 唐芳林. 国家公园与自然保护区：各司其职的"孪生兄弟"［N］. 光明日报，2018-12-29（9）.

园（含石漠公园）、草原自然公园等。

1. 地质公园。1984年10月，我国建立了第一个国家级地质自然保护区——"中上元古界地质剖面"自然保护区（天津蓟县）。1987年7月，原地质矿产部印发的《关于建立地质自然保护区规定的通知（试行）》明确地质公园是地质自然保护区的一种方式。1995年5月4日发布的《地质遗迹保护管理规定》提出"对具有国际、国内和区域性典型意义的地质遗迹，可建立国家级、省级、县级地质遗迹保护段、地质遗迹保护点或地质公园"①，并统称为地质遗迹保护区。

地质遗迹保护区的分级标准为二级。国家级：（1）能为一个大区域甚至全球演化过程中某一重大地质历史事件或演化阶段提供重要地质证据的地质遗迹。（2）具有国际或国内大区域地层（构造）对比意义的典型剖面、化石及产地。（3）具有国际或国内典型地学意义的地质景观或现象。省级：（1）能为区域地质历史演化阶段提供重要地质证据的地质遗迹。（2）有区域地层（构造）对比意义的典型剖面、化石及产地。（3）在地学分区及分类上，具有代表性或较高历史、文化、旅游价值的地质景观。县级：（1）在本县的范围内具有科学研究价值的典型剖面、化石产地。（2）在小区域内具有特色的地质景观或地质现象。

对保护区内的地质遗迹可分别实施一级保护、二级保护和三级保护。一级保护：对国际或国内具有极为罕见和重要科学价值的地质遗迹实施一级保护，非经批准不得入内。经设立该级地质遗迹保护区的人民政府地质矿产行政主管部门批准，可组织进行参观、科研或国际间交往。二级保护：对大区域范围内具有重要科学价值的地质遗迹实施二级

---

① 地质矿产部.地质遗迹保护管理规定［EB/OL］.国家林业和草原局政府网，1995-07-04.

保护。经设立该级地质遗迹保护区的人民政府地质矿产行政主管部门批准，可有组织地进行科研、教学、学术交流及适当的旅游活动。三级保护：对具一定价值的地质遗迹实施三级保护。经设立该级地质遗迹保护区的人民政府地质矿产行政主管部门批准，可组织开展旅游活动。①

2000 年 9 月 20 日，国土资源部办公厅印发了《关于申报国家地质公园的通知》，详细规定了申报办法、评审标准、批准程序。当年 10 月底，评审通过了云南石林、湖南张家界、河南嵩山、江西庐山、云南澄江、黑龙江五大连池、四川自贡、福建漳州、陕西翠华山、四川龙门山、江西龙虎山等 11 处为首批国家地质公园。截至 2019 年 10 月 10 日，全国已正式命名国家地质公园 217 处，授予国家地质公园资格 53 处，批准建立省级地质公园 300 余处。②

2. 海洋公园。2010 年 8 月 31 日，国家海洋局印发了新修订的《海洋特别保护区管理办法》，提出"为保护海洋生态与历史文化价值，发挥其生态旅游功能，在特殊海洋生态景观、历史文化遗迹、独特地质地貌景观及其周边海域建立海洋公园"③。同日，国家海洋局还印发了《国家级海洋公园评审标准》，规定国家级海洋公园的评审指标由自然属性、可保护属性和保护管理基础 3 部分组成。其中，自然属性包含典型性、独特性、自然性、完整性和优美性 5 项指标；可保护属性包含面积适宜性、科学价值、历史文化价值、经济和社会价值 4 项指标；保护管理基础包含功能分区适宜性、保护与开发活动安排合理性、基础工作、管理基础保障 4 项指标。

---

① 地质矿产部. 地质遗迹保护管理规定［EB/OL］. 国家林业和草原局政府网，2019-07-04.

② 牟健. 我国已正式命名国家地质公园 217 处［EB/OL］. 人民网，2019-10-11.

③ 国家海洋局. 海洋特别保护区管理办法［EB/OL］. 国家自然资源部网站，2018-07-02.

2011 年 5 月 19 日，国家海洋局发布了首批国家级海洋公园名单，共 7 处，分别是：广东海陵岛国家级海洋公园、广东特呈岛国家级海洋公园、广西钦州茅尾海国家级海洋公园、厦门国家级海洋公园、江苏连云港海州湾国家级海洋公园、刘公岛国家级海洋公园和日照国家级海洋公园。自 2011 年国家海洋局公布首批国家级海洋公园以来，至 2017 年我国先后分 6 批批准建立了 49 个国家级海洋公园。

3. 森林公园。2011 年 5 月 20 日，国家林业局印发了《国家级森林公园管理办法》，强调国家级森林公园总体规划，应当突出森林风景资源的自然特性、文化内涵和地方特色，并符合下列要求。（1）充分保护森林风景资源、生物多样性和现有森林植被；（2）充分展示和传播生态文化知识，增强公众生态文明道德意识；（3）便于森林生态旅游活动的组织与开展，以及公众对自然与环境的充分体验；（4）以自然景观为主，严格控制人造景点的设置；（5）严格控制滑雪场、索道等对景观和环境有较大影响的项目建设。该《办法》还强调国家级森林公园总体规划应当包括森林生态旅游、森林防火、旅游安全等专项规划。

该《办法》指出，在国家级森林公园内禁止从事下列活动。（1）擅自采折、采挖花草、树木、药材等植物；（2）非法猎捕、杀害野生动物；（3）刻划、污损树木、岩石和文物古迹及葬坟；（4）损毁或者擅自移动园内设施；（5）未经处理直接排放生活污水和超标准的废水、废气，乱倒垃圾、废渣、废物及其他污染物；（6）在非指定的吸烟区吸烟和在非指定区域野外用火、焚烧香蜡纸烛、燃放烟花爆竹；（7）擅自摆摊设点、兜售物品；（8）擅自围、填、堵、截自然水系；（9）法律、法规、规章禁止的其他活动。

2018 年 1 月 12 日，国家林业局印发了《关于进一步加强国家级森林公园管理的通知》，强调准确把握国家级森林公园功能定位，强化国家级森林公园总体规划权威性，严控建设项目使用国家级森林公园林地，严禁不符合国家级森林公园主体功能的开发活动和行为，多措并举实现国家级森林公园管理规范化；明晰国家级森林公园范围和界限，明确国家级森林公园林地保护等级，妥善处理国家级森林公园内采矿、采石等历史遗留问题。

4. 湿地公园。湿地公园是指以保护湿地生态系统、合理利用湿地资源、开展湿地宣传教育和科学研究为目的，经国家林业局批准设立，按照有关规定予以保护和管理的特定区域。2017 年 12 月 27 日，国家林业局印发了《国家湿地公园管理办法》，明确了国家湿地公园设立的基本条件。（1）湿地生态系统在全国或者区域范围内具有典型性；或者区域地位重要，湿地主体功能具有示范性；或者湿地生物多样性丰富；或者生物物种独特。（2）自然景观优美和（或者）具有较高历史文化价值。（3）具有重要或者特殊科学研究、宣传教育价值。

5. 沙漠公园。沙漠公园（含石漠公园）是以荒漠景观为主体，以保护荒漠生态系统和生态功能为核心，合理利用自然与人文景观资源，开展生态保护及植被恢复、科研监测、宣传教育、生态旅游等活动的特定区域。2017 年 9 月 27 日，国家林业局印发了《国家沙漠公园管理办法》，明确了国家沙漠公园申报的基本条件。（1）所在区域的荒漠生态系统具有典型性和代表性，或者防沙治沙生态区位重要。（2）面积原则上不低于 200 公顷，公园中沙化土地面积一般应占公园总面积的 60%以上。（3）土地所有权、使用权权属无争议，四至清晰，相关权利人无不同意见。国家沙漠公园范围内土地原则上以国有土地为主。（4）区域内水资源能够保证国家沙漠公园生态和其他用水需求。（5）具有较高的科学价值和美学价值。

6. 草原自然公园。草原自然公园是指具有较为典型的草原生态系统特征、有较高的生态保护和合理利用示范价值，以生态保护和草原科学利用示范为主要目的，兼具生态旅游、科研监测、宣教展示功能的特定区域。2020 年 8 月 29 日，国家林业和草原局公布内蒙古敕勒川等 39 处全国首批国家草原自然公园试点建设名单，这标志着我国国家草原自然公园建设正式开启。这 39 处国家草原自然公园总面积 14.7 万公顷，涉及 11 个省区、新疆生产建设兵团及黑龙江省农垦总局，涵盖温性草原、草甸草原、高寒草原等类型。通过国家草原自然公园试点建设，使资源具有典型性和代表性、区域生态地位重要、生物多样性丰富、景观优美，以及草原民族民俗历史文化特色鲜明的草原得到保护。

第六章　加强海洋生态环境保护

　　海洋是我国重要的战略资源，沿海地区是我国人口密度最大、经济最活跃的地区之一，海洋生态环境的健康稳定是海洋经济可持续发展的重要支撑。实施陆海统筹的综合治理、系统治理、源头治理，以重点海域生态环境综合治理的显著成效，推动全国海洋生态环境持续改善和沿海地区经济高质量发展，提升人民群众临海亲海的获得感、幸福感、安全感。

第一节　强化海洋空间规划管理

　　海洋空间规划是为加强海洋空间综合治理、优化海洋资源配置、促进海洋生态环境保护作出的总体部署和具体安排，是引导海洋经济高质量发展、可持续发展的重要手段。科学合理的海洋空间规划可以有效地调节海洋空间利用与空间结构的矛盾，解决不同用海需求的相互冲突，平衡开发需求和环境保护，推进对海洋的可持续管理，为实现社会经济目标发挥前瞻性、战略性作用。

　　1. 实施海洋功能区划。海洋功能区划是我国全面实施海洋综合管理的基础性、战略性规划，其概念内涵由以下两个方面组成。（1）功能定位。海洋功能区划是结合海域地理位置、资源条件、生态环境状况等自然属性和用海需求、经济发展目标等社会属性，科学界定海洋开发范围和主要功能的一项基础工作，其重点解决的是海洋资源的使用方式。海洋功能区划是海洋产业项目审批的依据，为海洋管理和环境保护提供制度保障。（2）划分依据。海洋功能区划是对由海域空间单元组成的功能区依据该功能区的主导海域使用功能进行划分。通过对自然资源环境条件和经济社会发展状况的分析来确定各海域的主导使用功能，以协调各海域的用海关系、满足海洋的发展需要、促进海洋经济的发展。

进入21世纪，我国积极开展对海洋空间的规划管理，各类规划相继出台。2002年8月22日，国务院批复的《全国海洋功能区划》强调在海域使用管理上必须认真贯彻执行海洋管理法律法规，坚持在保护中开发、在开发中保护的方针，严格实行海洋功能区划制度，实现海域的合理开发和可持续利用。该《区划》把我国海域划定为10种主要功能区，并明确了其开发保护和管理的政策举措。

2012年4月，国家海洋局公布的《全国海洋功能区划（2011-2020年）》科学评价了我国管辖海域的自然属性、开发利用与环境保护现状，统筹考虑国家宏观调控政策和沿海地区发展战略，明确了全国海洋功能区划的指导思想、基本原则和主要目标等问题。《全国海洋功能区划（2011-2020年）》划分了农渔业区、港口航运区、工业与城镇用海区、矿产与能源区、旅游休闲娱乐区、海洋保护区、特殊利用区、保留区等8类海洋功能区，确定了渤海、黄海、东海、南海及台湾以东海域的主要功能和开发保护方向，并据此制定保障实施的政策措施。①

---

① 国家海洋局. 全国海洋功能区划（2011-2020年）[N]. 中国海洋报，2012-04-18（5）.

2. 实施海洋主体功能区规划。海洋主体功能区规划既是海洋空间规划体系的关键要素之一，也是全国主体功能区规划的重要组成部分。海洋主体功能区规划是在海洋功能区划的基础上对海洋使用管理的完善，但两者亦有明显的区别。（1）功能定位。海洋主体功能区规划是根据主体功能定位调整海洋空间布局，规划空间开发秩序和开发程度，完善区域政策，以形成科学的海洋空间结构。（2）战略重心。海洋功能区划主要面向的是海洋资源的使用方式，海洋主体功能区规划主要面向的是资源如何使用、何时使用和使用程度的问题，重点解决资源的统筹规划。（3）划分依据。海洋主体功能区主要依据的是规划海域的资源环境承载力，结合现有开发情况和可开发潜力，科学确定规划海域的主体功能和开发内容。海洋主体功能区规划是高效利用海洋空间、提升海洋可持续发展能力、完善海洋空间格局的基本依据。海洋主体功能区规划有助于正确指引海洋空间的发展方向和发展模式，为海洋的使用和开发提供规范标准。实施海洋主体功能区规划是推动海洋开发模式由粗放式开发利用向可持续开发利用转变和推动构建陆域与海域协调发展的重要路径。

2015 年 8 月 1 日，国务院印发《全国海洋主体功能区规划》，该《规划》是海洋空间开发的基础性、约束性规划，是统筹海洋空间格局、推动陆海协调发展、完善全国主体功能区统一规划的关键举措，对于促进经济高质量发展、建设海洋生态文明、实施海洋强国战略具有重要意义。该《规划》将内水和领海主体功能区分为四类开发区域。（1）优化开发区域，包括渤海湾、长江口及其两翼等海域。（2）重点开发区域，包括城镇建设用海区、港口和临港产业用海区、海洋工程和资源开发区。（3）限制开发区域，包括海洋渔业保障区、海洋特别保护区和海岛及其周边海域。（4）禁止开发区域，包括各级各类海洋自然保护区、领海基点所在岛礁等。该《规划》将我国专属经济区和大陆架及其他管辖海域划分为重点开发区域和限制开发区域。（1）重点开发区域，包括资源勘探开发区、重点边远岛礁及其周边海域。（2）限制开发区域，包括除重点开发区域以外的其他海域。①

第二节 持续改善近岸海域环境质量

海洋污染具有扩散面大、污染源多、持续性强、防治较难的特点。我国海洋污染主要来源有陆源污染、海上污染、大气污染。近几年，我国出台多项海洋环境保护政策，推进海洋污染防治、保障海洋环境的生态安全。

1. 陆源入海污染治理。陆源污染主要指农业污染物、工业"三废"和生活垃圾排入近岸海域，近岸海域垃圾以塑料、泡沫制品等为主。我国海洋污染物总量大部分来源于陆域，陆源污染是海洋污染的首要难题，深化陆源入海污染治理是实行陆域统筹治理的保证。2017年3月24日，国家海洋局等10部委联合印发的《近岸海域污染防治方案》详细制定了近岸海域的环境目标，并提出污染防治的重点任务主要包括促进沿海地区产业转型升级、逐步减少陆源污染排放、加强海上污染源控制、保护海洋生态、防范近岸海域环境风险等。该《方案》确定了逐步减少陆源污染排放为近岸海域污染防治的主要任务之一，并提出开展入海河流综合整治、明确入海河流整治目标和工作重点、编制入海河流水体达标方案、组织开展入海河流整治等具体任务。

---

① 国务院．全国海洋主体功能区规划［J］．中华人民共和国国务院公报，2015（25）：9–12.

2022 年 1 月 7 日，生态环境部等 6 部门联合印发的《"十四五"海洋生态环境保护规划》对深化陆源入海污染治理提出具体行动规划。(1) 全面开展入海排污口排查整治。按照"有口皆查、应查尽查"要求，以沿海地市为单元全面开展入海排污口"查、测、溯、治"，摸清各类入海排污口的数量、分布及排放特征、责任主体等信息，建立入海排污口动态信息台账，加强与排污许可信息系统共享联动；建立健全"近岸水体-入海排污口-排污管线-污染源"全链条治理体系，系统开展入海排污口综合整治，建立入海排污口整治销号制度；加强和规范入海排污口设置的备案管理，建立健全入海排污口监测监管制度。(2) 推进入海河流断面水质持续改善。加强入海河流水质综合治理，针对劣四类水质分布集中的辽东湾、莱州湾、杭州湾、象山港、汕头湾、湛江港等海湾，强化沿海城镇污水收集和处理设施建设，加强农业面源污染治理，因地制宜实施人工湿地净化和生态扩容工程，推进河流入海断面水质持续改善，进一步削减入海河流总氮总磷等的排海量；探索建立沿海、流域、海域协同一体的综合治理体系，巩固深化与重点流域水生态环境保护规划的衔接联动，明确沿海城市及上游省市入海河流的治理责任，因地制宜推动拓展总氮等入海污染物排放总量控制范围。①

2022 年 1 月 29 日，生态环境部等 7 部委印发的《重点海域综合治理攻坚战行动方案》部署了在陆海污染防治方面开展的重点行动，包括入海排污口排查整治、入海河流水质改善、沿海城市污染治理、沿海农业农村污染治理、海水养殖环境整治、船舶港口污染防治、岸滩环境

---

① 生态环境部等．关于印发《"十四五"海洋生态环境保护规划》的通知［EB/OL］．生态环境部网站，2022-01-11．

整治等专项行动。①

2. 海上污染分类整治。海上污染主要指海上油气勘探开发、工厂废水排放、船舶排放污染和海上溢油等造成的海洋污染，也是海洋污染中危害相对严重的污染类型。海水养殖和捕捞污染，主要指海水养殖方式粗放低效、捕捞过程不规范造成的水体污染。

《"十四五"海洋生态环境保护规划》明确了加强海上污染分类整治的重点任务，这主要包括四方面。（1）实施船舶污染防治。进一步提升船舶污染物接收设施的运营和管理水平，推进与城市公共转运及处置设施的有效衔接，落实港口船舶污染物接收、转运、处置联合监管机制；深化海上船舶大气排放控制区管理；推进沿海港口和船舶岸电设施建设和使用。（2）实施渔港和渔船污染综合整治。鼓励配置完善渔港垃圾收集和转运设施，及时收集、清理、转运并处置渔港及到港渔船产生的垃圾，探索渔具标识和实名制，加强废旧渔网渔具、养殖网箱回收研究。（3）加强海水养殖污染防治。严格海水养殖环评准入机制，依法依规做好海水养殖新改扩建项目环评审批和相关规划的环评审查，推动海水养殖环保设施建设与清洁生产；规范海水养殖尾水排放，加快制定养殖尾水排放地方标准，加强海水养殖污染生态环境监测监管；加强养殖投入品管理，开展海水养殖用药的监督抽查，依法规范限制使用抗生素等化学药品；优化近海养殖布局，推动海水养殖由近海向深远海发展，推广生态健康养殖模式；落实养殖水域滩涂管控要求，依法禁止在禁养区开展海水养殖活动。（4）强化海洋工程和海洋倾废环境监管。加大"放管服"改革力度，合理划分海洋工程环评、海洋倾废等行政审批中央和地方事权，推动审批层级下沉、审批效能提升，积极服务保

---

① 生态环境部等.关于印发《重点海域综合治理攻坚战行动方案的通知［EB/OL］.生态环境部网站，2022−02−10.

障沿海地区"六稳""六保";依法建立实施海洋工程建设项目排污许可制度，强化海上油气勘探开发等海洋工程污染防治；科学管控废弃物海上倾倒，加快选划一批倾倒区，建立倾倒区运行情况定期评估机制，强化倾废活动跟踪监测和监督管理；加强各类海洋工程建设项目和海洋倾废活动的常态化监管，大力提升智能化监管水平，健全完善监管结果移交处置机制。①

3. 重点海域综合治理。2018 年 11 月 30 日，生态环境部、发展改革委、自然资源部联合发布的《渤海综合治理攻坚战行动计划》强调加快解决渤海存在的突出生态环境问题。2022 年 1 月 29 日，生态环境部等 7 部委印发的《重点海域综合治理攻坚战行动方案》强调巩固深化渤海综合治理成果，着力打好重点海域综合治理攻坚战。

重点海域综合治理攻坚战的重点方向如下。（1）渤海：以"1+12"沿海城市（天津市，辽宁省大连市、营口市、盘锦市、锦州市、葫芦岛市，河北省秦皇岛市、唐山市、沧州市，山东省滨州市、东营市、潍坊市、烟台市）及其渤海范围内管理海域为重点，巩固深化陆海统筹的污染防治成效，加强重点海湾综合治理和美丽海湾建设，构建与高质量发展要求相协调的海洋生态环境综合治理长效机制。（2）长江口-杭州湾：以"1+6"沿海城市（上海市，江苏省南通市，浙江省嘉兴市、杭州市、绍兴市、宁波市、舟山市）及其管理海域为重点，加强两省一市陆海污染源头治理和近岸海域水质改善，保护好重要河口生境，以海洋生态环境高水平保护促进长三角一体化发展。（3）珠江口邻近海域：以 6 个沿海城市（广东省深圳市、东莞市、广州市、中山市、珠海市、江门市）及其管理海域为重点，稳步推进近岸海域水质改善和亲

---

① 生态环境部等. 关于印发《"十四五"海洋生态环境保护规划》的通知［EB/OL］. 生态环境部网站，2022-01-11.

海环境质量提升，保护好重要海洋生物及栖息地环境，助力打造宜居宜业宜游的美丽湾区。

重点海域综合治理攻坚战重点任务如下。（1）入海排污口排查整治行动。（2）入海河流水质改善行动。（3）沿海城市污染治理行动。（4）沿海农业农村污染治理行动。（5）海水养殖环境整治行动。（6）船舶港口污染防治行动。（7）岸滩环境整治行动。（8）海洋生态保护修复行动。（9）加强海洋环境风险防范和应急监管能力建设。（10）推进美丽海湾建设。①

该《方案》的发布标志着我国全面打响对近岸海域环境污染防治的攻坚战，此项攻坚战是把握陆海统筹发展原则对海洋污染进行的系统性、综合性、源头性治理，是把握区域发展原则通过重点区域、重点攻坚来推动全国范围内近岸海域环境状态整体改善的环境整治行动。

第三节　提升海洋生态系统质量

海洋生态系统是指在海洋中存在的生物群落及其环境相互作用所构成的自然系统，是地球上占地最大、结构最复杂的生态系统，也是极具价值的人类资源宝库。海洋生态系统为人类提供经济效益、环境效益、文化效益，对人类生存发展具有重要意义。

1. 保护海洋生态系统和生物多样性。随着经济的飞速发展和人口的快速增长，对海洋生态系统的直接围垦和占用、不合理的旅游休闲活动、对海洋资源的过度开发利用、未经处理的污染物排放入海以及极端

---

① 生态环境部等.关于印发《重点海域综合治理攻坚战行动方案》的通知［EB/OL］.生态环境部网站，2022-02-10.

气候天气增多等诸多因素，导致世界范围的海洋生态系统都发生不同程度的退化，尤其是在人口稠密的沿海地区和经济增长迅猛的发展中国家情况更为严重。生态系统退化和生物多样性削减危害了海洋环境的稳定状态，限制了海洋资源的开发利用，影响了海洋经济的发展前景。

海洋生态系统与陆地生态系统一样，都要坚持保护优先原则，开发和保护并重，遏制生态系统退化趋势，提升生物多样性保护水平，构建安全健康的海洋生态环境和万物和谐的海洋家园。2016 年 9 月 18 日，国家海洋局和国家标准化管理委员会联合印发的《全国海洋标准化"十三五"发展规划》提出要实施"海洋标准化+海洋生态环境保护"重点工程。2022 年 1 月 7 日，生态环境部等 6 部门联合印发的《"十四五"海洋生态环境保护规划》明确保护海洋生态系统和生物多样性的具体任务，包括以下三点。

（1）完善海洋自然保护地网络。构建以海岸带、海岛链和自然保护地为支撑的"一带一链多点"海洋生态安全格局；加快建立以国家公园为主体、自然保护区为基础、各类自然公园为补充的海洋自然保护地体系，将生态功能重要、生态系统脆弱、自然生态保护空缺的区域纳入自然保护地体系；开展全国海洋自然保护地现状调查评估，加强海洋自然保护地监测预警。

（2）加强海洋生态系统保护。严守海洋生态保护红线，开展海洋生态保护红线勘界定标，实现红线精准落地；加快制定海洋生态保护红线管控制度，鼓励地方配套出台细化的生态保护红线管控措施；加强珊瑚礁、红树林、海草床、牡蛎礁、河口、海湾、海岛等生态系统保护，维护和提升海洋生态系统质量和稳定性；严格保护自然岸线，清理整治非法占用自然岸线、滩涂湿地等行为，自然岸线保有率不低于35%；探索海岸建筑退缩线制度；严格围填海管控，除国家重大项目外，全面禁止围填海，加强海域海岛资源开发保护过程中的生态环境管理。

（3）加强海洋生物多样性保护。健全海洋生物多样性调查、监测、评估和保护体系；开展近岸海域生态系统、重点生物物种及重要生物遗传资源调查，强化近岸海域、海岛等重点区域外来入侵物种的调查、监测、预警、控制、评估、清除等工作；推进鸭绿江口、辽河口、黄河口、长江口、珠江口、北部湾等重点海域生物多样性的长期监测监控，建立健全海洋生物多样性监测评估网络体系；统筹衔接陆海生态保护红线、各类海洋自然保护地等，恢复适宜海洋生物迁徙、物种流通的生态廊道；加强渔业资源调查监测，及时掌握资源变动情况，推进实施海洋渔业资源总量管理制度；加强渤海、长江口等重点海域禁休渔管理；加大"三场一通道"（产卵场、索饵场、越冬场和洄游通道）以及长江口等特殊区域的保护力度，有效保护候鸟迁徙路线和栖息地；积极开展水生生物增殖放流活动，推动现代海洋牧场建设，逐步恢复海洋生物资源；加强外来物种入侵管控，强化互花米草等入侵严重区域的从严管控和综合治理。[①]

2. 修复海洋生态系统。根据海洋生态环境系统的破坏情况以及修复措施，对海洋生态修复进行分类处理，主要包括三点。（1）对于海洋生态系统破坏较轻的生态系统，需要的海洋生态修复为自然生态修复。（2）对一些海洋生态环境破坏较为严重的生态系统，需要的海洋生态修复为人工促进生态修复。（3）针对某些海洋生态系统遭到极大的破坏甚至完全破坏，所需要进行的海洋生态修复为生态重建。修复海洋生态系统要坚持自然恢复为主的方针，识别、诊断海洋生态根本问题并制定具体任务，精准施策推进科学修复、高效修复。2020 年 6 月 3

---

① 生态环境部等 . 关于印发《"十四五"海洋生态环境保护规划》的通知［EB/OL］. 生态环境部网站，2022-02-10.

日，国家发展改革委和自然资源部联合印发的《全国重要生态系统保护和修复重大工程总体规划（2021-2035 年）》把长江三角洲重要河口区生态保护和修复作为海岸带生态保护和修复重大工程。2021 年 7 月 1 日，自然资源部办公厅印发了《海洋生态修复技术指南（试行）》，旨在提高海洋生态修复工作的科学化、规范化水平。

2022 年 1 月 7 日，生态环境部等 6 部门联合印发的《"十四五"海洋生态环境保护规划》明确修复海洋生态系统的主要任务，包括以下三点。（1）恢复修复典型海洋生态系统。充分利用海洋生态系统调查监测结果，加强生态修复前期论证和适宜性评价，准确识别和诊断生态问题，合理确定生态修复的目标任务；坚持陆海统筹、河海联动，以提升生态系统质量和稳定性为导向，整体推进海岸带生态保护修复，重点推动入海河口、海湾、滨海湿地与红树林、珊瑚礁、海草床等典型生态系统保护修复和海岸线、砂质岸滩等的整治修复；强化海洋生态保护修复项目跟踪监测，掌握修复区域生态和减灾功能提升情况；沿海各省区市完善重大生态修复工程论证、实施、管护、监测机制，确保海洋生态保护修复工程科学有效。（2）推进人工岸线生态化建设。根据海岸带区域现状、生态禀赋、海洋灾害等自然条件，基于灾害防御能力不降低、生态功能有提升、经济合理可行的原则，综合判定人工岸线生态化建设区域；对在海洋灾害易发多发的滨海湿地区建设的海堤，因地制宜开展海堤生态化建设，促进生态减灾协同增效；对已建设的连岛海堤、围海海堤或海塘，科学开展可行性论证，逐步实施海堤开口、退堤还海等生态化整治与改造，恢复海域生态系统完整性；依法整治或拆除不符合生态保护要求、不利于灾害防范的沿岸建设工程。（3）加快海岛生态修复。科学实施海岛生态系统保护与修复，对岛体、岸滩损坏严重、生态功能退化的海岛，修复受损海岛生境及周边海域生态环境；对鸟类和重要物种迁徙通道上的海岛以及其他重要生态价值海岛，实施海岛珍稀濒危物种保育和栖息地修复；持续推进生态海岛建设，改善海岛生态环境与基础设施，恢复海岛地形地貌和生态系统，提升海岛生态功能和品质；严控新增用岛活动，加强海岛管理保护。①

3. 海洋生态保护修复监管。2021年7月26日，自然资源部办公厅印发《关于建立健全海洋生态预警监测体系的通知》，要求构建以近岸海域为重点、覆盖我国管辖海域、辐射极地和深海重点关注区的业务化生态预警监测体系。2022年1月7日，生态环境部等6部门联合印发的《"十四五"海洋生态环境保护规划》明确加强海洋生态保护修复监管的主要任务，包括以下三点。（1）加强典型海洋生态系统常态化监测监控。采用遥感监测、现场调查、野外长期监控等多种技术手段，深化拓展海湾、河口、红树林、珊瑚礁、海草床、滩涂湿地等典型海洋生态系统健康状况监测评估，加快构建海洋生态监测监控网络；探索开展长江口、渤海等重点区域海洋生态系统质量和稳定性评估，诊断识别人为活动、气候变化等对海洋生态系统的影响。（2）加大海洋自然保护地和生态保护红线监管力度。加快制定海洋生态保护红线监管制度；持续开展"绿盾"自然保护地强化监督，积极推进海洋自然保护地生态环境监测，定期开展国家级海洋自然保护地生态环境保护成效评估；充分依托现有平台设施，完善全国生态保护红线监管平台，利用卫星遥感、无人机和现场巡查等手段，加大对海洋生态保护红线的常态化监管和监控预警，提升海洋生态保护红线管理信息化水平。（3）加强海洋生态修复监管和成效评估。建立海洋生态修复监管和成效评估制度，加快制定覆盖重点项目、重大工程和重点海域，以及贯穿问题识别、方案制

---

① 生态环境部等. 关于印发《"十四五"海洋生态环境保护规划》的通知［EB/OL］. 生态环境部网站，2022-02-10.

定、过程管控、成效评估等有关配套措施及标准规范；加强对海洋生态修复工程项目的分类监管和成效评估，扎实推进中央和地方生态环保督察查处的海洋生态破坏区整治修复；加强对沿海各级政府、各有关部门和责任单位的海洋生态修复履职情况的监督。①

4. 海洋生态预警监测体系。健全海洋生态预警监测体系主要内容为以下两点。（1）推进典型海洋生态系统预警监测。依托海洋生态调查成果，布局建设海洋生态监测站，发展野外定点精细化监测能力和配套室内测试、分析评价、样品数据保存能力；针对生态受损问题和潜在风险，遴选关键物种、关键生境指标、关键威胁要素实施动态监测，跟踪生态问题动态变化；探索建立典型海洋生态系统预警等级，制作发布典型海洋生态系统预警产品。（2）强化海洋生态灾害预警监测。开展赤潮高风险区立体监测，掌握赤潮暴发种类、规模、影响范围及危害，提高预警准确率；加强浒苔绿潮监测与防控效果评估，全过程跟踪浒苔附着生长、漂浮、聚集、暴发情况；拓展马尾藻、水母、长棘海星等新型生物暴发事件预警监测，跟踪掌握海洋生态灾害暴发种类、规模、影响范围，及时发布预警信息，不断提高预警准确率。②

第四节　有效应对海洋突发环境事件

海洋突发环境事件是指在涉海领域内突然发生的，因自然或人为因素引发的，使海洋生态环境遭到严重破坏并对社会生产生活或社会秩序

---

① 生态环境部等.关于印发《"十四五"海洋生态环境保护规划》的通知［EB/OL］.生态环境部网站，2022-02-10.

② 生态环境部等.关于印发《"十四五"海洋生态环境保护规划》的通知［EB/OL］.生态环境部网站，2022-02-10.

造成严重威胁的突发环境事件。广袤的海洋空间能够提供非常丰富的自然资源，人类社会的持续发展依赖于海洋环境的安全稳定。

1. 防范海洋突发环境事件风险。海洋环境风险包括破坏海洋环境、海洋生态系统的直接风险以及由环境风险带来的经济、社会等其他次生风险。由于海洋的流动性、变化性和空间广阔性等特点，海洋环境风险表现出与陆域不同的特点，即隐蔽性强、影响范围大、管理困难和后果评价困难等。

近半个世纪以来，全球范围内发生多次造成重大污染的海洋风险事故、人为原因造成的事故，如 1978 年美国"卡迪兹"号邮轮触礁原油泄漏、1979 年墨西哥湾原油井喷等，都导致极大规模环境污染，海洋生物及其栖居地严重破坏，经济损失不可估量。不仅人为事故危害巨大，极端天气等自然原因造成的海洋生态、地质灾害的危害更加严重，而且难以防范。从防范角度来看，海洋与陆域环境风险防范具有不同特点。（1）控制污染范围难度更大。海洋的流动性决定了海洋环境事故特征与陆域环境事故特征不同，如海上溢油、危化品泄漏等海上风险事故，污染物无阻碍入海并随着海洋流动无规则扩散。同时，海上环境情况较复杂，应急人员与应急装备的调集较为困难，及时有效控制污染范围的难度大。（2）海上污染事故应急处置的专业性要求极高。海洋事故污染源的确定、发现，污染的控制与治理，都需要非常专业的人员队伍和技术装备实施。

2022 年 1 月 7 日，生态环境部等 6 部门联合印发《"十四五"海洋生态环境保护规划》，明确了防范海洋突发环境事件风险的主要任务。（1）防范海上溢油风险。沿海地方加强沿岸原油码头、危化品运输、重点航线等环境风险隐患排查，强化事前预防和源头监管，严防海上交通事故、安全生产事故等引发的次生溢油事件；健全完善国家重大海上溢油应急处置部际联席会议制度等组织协调和应急响应机制，建立健全海上溢油监测体系，提升风险早期识别和预报预警能力，推动建立现代化的海上溢油风险防范体系。（2）强化涉海环境风险源头防范。督促沿海地方和相关企业加强沿海石化聚集区、危化品生产存储、海洋石油平台等涉海环境风险重点区域的调查评估，优化调整和合理布局应急力量及物资储备；建立健全重点区域环境风险源专项检查制度，开展风险源排查，推动落实企业环境风险防控主体责任。①

2. 健全海洋突发环境事件和生态灾害应急响应体系。2022 年 1 月 7日，生态环境部等 6 部门联合印发的《"十四五"海洋生态环境保护规划》强调，健全海洋突发环境事件和生态灾害应急响应体系。（1）加强海洋突发环境事件应急能力建设。建立健全国家–地方–涉海企事业单位的海洋突发环境事件应急响应体系，将企业应急力量及队伍纳入国家应急体系统一调配；加强国家、海区、沿海地方应急能力建设和升级改造，优化环渤海、长江口、珠江口等重点区域的海洋环境应急能力布局，初步形成覆盖重点海域的快速响应和应急监测能力；建立完善政府主导、企业参与、多方联动的应急协调机制，强化应急信息共享、资源共建共用。（2）强化海洋生态灾害应急响应处置。加强海洋生态灾害应急体系建设，强化苏北浅滩等以及海水浴场、电厂取排水口等海洋生态灾害高风险区域的联防联控，针对浒苔绿潮、赤潮等灾害及时发布预警信息并启动应急响应，建立健全马尾藻、水母、长棘海星等新型生物暴发事件的应急处置体系。②

3. 健全海洋生态环境损害赔偿制度。2014 年 10 月 21 日，国家海

---

① 生态环境部等. 关于印发《"十四五"海洋生态环境保护规划》的通知［EB/OL］. 生态环境部网站，2022-02-10.

② 生态环境部等. 关于印发《"十四五"海洋生态环境保护规划》的通知［EB/OL］. 生态环境部网站，2022-02-10.

洋局印发《海洋生态损害国家损失索赔办法》，重点围绕海洋生态损害国家索赔的目的依据、适用范围、索赔内容、索赔主体、索赔途径、保全措施、信息公开、赔偿金用途等方面作出明确规定。该《办法》规定：因下列行为导致海洋环境污染或生态破坏，造成国家重大损失的，海洋行政主管部门可以向责任者提出索赔要求。（1）新建、改建、扩建海洋、海岸工程建设项目；（2）围填海活动及其他用海活动；（3）海岛开发利用活动；（4）破坏滨海湿地等重要海洋生态系统；（5）捕杀珍稀濒危海洋生物或者破坏其栖息地；（6）引进外来物种；（7）海洋石油勘探开发活动；（8）海洋倾废活动；（9）向海域排放污染物或者放射性、有毒有害物质；（10）在水上和港区从事拆船、改装、打捞和其他水上、水下施工作业活动；（11）突发性环境事故；（12）其他损害海洋生态应当索赔的活动。

该《办法》明确了海洋生态损害国家损失的范围。（1）为控制、减轻、清除生态损害而产生的处置措施费用，以及由处置措施产生的次生污染损害消除费用；（2）海洋生物资源和海洋环境容量（海域纳污能力）等恢复到原有状态期间的损失费用；（3）为确定海洋生态损害的性质、范围、程度而支出的监测、评估以及专业咨询的合理费用；（4）修复受损海洋生态以及由此产生的调查研究、制订修复技术方案等合理费用；如受损海洋生态无法恢复至原有状态，则计算为重建有关替代生态系统的合理费用；（5）其他必要的合理费用。以上费用总计超过 30 万元的，属于重大损失。[1]

2022 年 1 月 7 日，生态环境部等 6 部门联合印发的《"十四五"海洋生态环境保护规划》明确健全海洋生态环境损害赔偿制度的主要任

---

[1] 国家海洋局. 国家海洋局关于印发《海洋生态损害国家损失索赔办法》的通知 [EB/OL]. 自然资源站网站，2018-06-29.

务是建立健全溢油、危险化学品泄漏等突发事故对海洋生态环境损害的鉴定评估技术与标准体系，完善相应配套文件；依法建立实施陆海统筹的环境污染责任保险制度，逐步将海洋环境风险因素纳入承保前的环境风险评估。①

第五节　建立健全海洋生态环境治理体系

健全完善海洋生态环境保护法律法规和责任体系，推进陆海统筹的生态环境治理制度建设，加强海洋生态环境监管体系和监管能力建设，建立健全权责明晰、多方共治、运行顺畅、协调高效的海洋生态环境治理体系。

1. 海洋生态环境保护责任体系。2018 年 2 月 28 日，党的十九届三中全会通过的《深化党和国家机构改革方案》把原国家海洋局的海洋环境保护职责整合到生态环境部，推进海洋环境保护，实行陆海统筹协同治理。2022 年 1 月 7 日，生态环境部等 6 部门联合印发的《"十四五"海洋生态环境保护规划》强调进一步完善中央统筹、省负总责、市县抓落实的海洋生态环境保护工作机制；明确细化中央与地方、部门与部门之间的事权划分，落实落细沿海地方主体责任和行业主管部门的常态化监管责任，加快建立陆海统筹、区域联动、部门协同的综合协调机制，进一步完善齐抓共管、各负其责的大生态环保格局；健全完善企业责任体系、全民行动体系、市场体系、信用体系等，加强信息公开和

---

① 生态环境部等. 关于印发《"十四五"海洋生态环境保护规划》的通知［EB/OL］. 生态环境部网站，2022-02-10.

公众监督，完善海洋生态环境舆情应对机制。①

2. 陆海统筹的生态环境治理制度建设。加强陆海统筹的生态环境治理制度建设主要包括两方面内容。（1）健全完善海洋生态环境法律法规制度。加快推进《海洋环境保护法》修订以及配套法规制度的立改废，支持沿海地方开展海洋生态环境保护地方性法规制修订工作；建立健全陆海统筹的生态环境治理制度，推进"三线一单"、排污许可、生态保护补偿、环境信用评价等在海洋生态环境治理中的应用；进一步完善沿海地方政府和相关行业部门的海洋生态环境保护目标考核、绩效评估、责任追究等制度机制。（2）加强海洋生态环境保护标准体系建设。健全海洋生态环境监测评价技术规范体系，推动海水水质标准和海洋监测规范修订工作；积极推进分区分类的海洋生态环境评价方法，研究建立美丽海湾等综合性评价方法和技术规范；完善海洋生态保护修复技术标准体系，制定符合实际、科学有效的海洋生态修复、生物多样性养护等技术规范和标准；鼓励并指导督促沿海地方制定实施海洋生态环境保护和修复标准规范等。②

3. 海洋生态环境执法监管和督察巡查。深化海洋生态环境执法监管和督察巡查主要包括两方面内容。（1）建立健全海洋生态环境综合执法监管体系。推进国家、海区和地方海洋生态环境执法监管体系建设，加强基层环保执法力量，合理配置海洋生态环境执法监管人员；健全与海警局等部门的联合执法机制，推行跨区域联合执法、交叉执法，建立健全部门间协同联动、信息共享、案件转送移交机制，持续开展"碧海"海洋生态环境保护执法专项行动。（2）开展海洋生态

① 生态环境部等. 关于印发《"十四五"海洋生态环境保护规划》的通知［EB/OL］. 生态环境部网站，2022-02-10.

② 生态环境部等. 关于印发《"十四五"海洋生态环境保护规划》的通知［EB/OL］. 生态环境部网站，2022-02-10.

环境督察巡查。深入落实中央生态环境保护督察制度,用足用好省级生态环境保护督察,紧盯海洋生态环境领域突出问题,持续开展例行督察,不断深化专项督察;建立常态巡查、定期巡查和动态巡查制度,综合运用陆岸巡查、海上巡航和遥感监测等手段,全面强化重点项目、热点区域、关键环节监督检查,集中整治海洋污染损害、生态破坏等突出问题。①

---

① 生态环境部等.关于印发《"十四五"海洋生态环境保护规划》的通知[EB/OL].生态环境部网站,2022-02-10.

第七章　深化生态保护补偿制度改革

生态补偿是指以保护生态环境、促进人与自然和谐发展为目的，根据生态系统服务价值、生态保护成本、发展机会成本，运用政府和市场手段，调节生态保护利益相关者利益关系的公共制度。生态保护补偿制度，是落实生态保护权责、调动各方参与生态保护积极性的重要手段。

第一节　实施分类补偿

实施以生态环境要素为对象的分类补偿，综合考虑生态保护地区经济社会发展状况、生态保护成效等因素确定补偿水平，对不同要素的生态保护成本予以适度补偿。

1. 森林生态效益补偿。20 世纪 90 年代初，广西、江苏、福建、辽宁、广东、河北、云南等省区开展了征收生态效益补偿费的试点。1998年 4 月 29 日，第九届全国人民代表大会常务委员会第二次会议审议通过《森林法》，首次规定国家设立森林生态效益补偿基金。2000 年 3 月31 日，国务院总理办公会决定中央财政设立森林生态效益补助资金。

2001 年 11 月 20 日，全国森林生态效益补助资金试点工作启动，试点范围包括河北、辽宁、黑龙江、山东、浙江、安徽、江西、福建、湖南、广西、新疆等11个省区的685个县（单位）和24个国家级自然保护区，涉及重点防护林和特种用途林2亿亩。2004年10月21日，财政部、国家林业局印发了《中央森林生态效益补偿基金管理办法》，明确其补偿范围是"国家林业局公布的重点公益林林地中的有林地，以及荒漠化和水土流失严重地区的疏林地、灌木林地、灌丛地"；"平均补助标准为每年每亩5元，其中4.5元用于补偿性支出，0.5元用于森林防火等公共管护支出"；"补偿性支出用于重点公益林专职管护人员的劳务费或林农的补偿费，以及管护区内的补植苗木费、整地费和林木抚育费。公共管护支出用于按江河源头、自然保护区、湿地、水库等区域区划的重点公益林的森林火灾预防与扑救、林业病虫害预防与救治、森林资源的定期定点监测支出"。① 同年12月10日，国家林业局召开全国电视电话会议，宣布国家全面确立森林生态效益补偿基金制度。

2004年以来，森林生态效益补偿面积逐步增加、补偿基金规模逐步扩大。2009年11月23日，财政部、国家林业局印发的新修订的《中央财政森林生态效益补偿基金管理办法》规定：从2010年起，中央财政补偿基金依据国家级公益林权属实行不同的补偿标准。国有的国家级公益林平均补助标准为每年每亩5元，其中管护补助支出4.75元，公共管护支出0.25元；集体和个人所有的国家级公益林补偿标准为每年每亩10元，其中管护补助支出9.75元，公共管护支出0.25元。2013年，集体和个人所有的国家级公益林补偿标准提高到每年每亩15元；2015年，国有国家级公益林补偿标准提高到每年每亩6元，2016

---

① 财政部等. 中央森林生态效益补偿基金管理办法 [J]. 中华人民共和国财政部文告，2004（9）：30-31.

年提高到 8 元，2017 年提高到 10 元。①

2016 年 4 月 28 日，国务院办公厅印发了《关于健全生态保护补偿机制的意见》，指出："健全国家和地方公益林补偿标准动态调整机制。完善以政府购买服务为主的公益林管护机制。合理安排停止天然林商业性采伐补助奖励资金。"② 同年 12 月 6 日，财政部、国家林业局印发了《林业改革发展资金管理办法》，明确了森林资源管护支出、森林资源培育支出、生态保护体系建设支出、国有林场改革支出、林业产业发展支出，以及资金分配下达、资金管理监督等问题。③ 2018 年 1 月 18 日，国家发展改革委等 6 部门印发的《生态扶贫工作方案》强调，"健全各级财政森林生态效益补偿补助标准动态调整机制，调动森林保护相关利益主体的积极性，完善森林生态效益补偿补助政策，推动补偿标准更加科学合理。抓好森林生态效益补偿资金监管，保障贫困群众的切身利益"④。

2. 草原生态保护补助。2010 年 10 月 12 日，国务院第 128 次常务会议决定：从 2011 年起，国家在内蒙古、新疆（含新疆生产建设兵团）、西藏、青海、四川、甘肃、宁夏和云南 8 个主要草原牧区省区，全面建立草原生态保护补助奖励机制。

2011 年 6 月 13 日，农业部、财政部印发了《2011 年草原生态保护补助奖励机制政策实施的指导意见》，明确了草原生态保护补助奖励机

---

① 国家林业和草原局等．"关于提高生态公益林补偿标准的建议"复文（2018 年第 3409 号）［EB/OL］．国家林业和草原局政府网，2018-09-13.

② 国务院办公厅．关于健全生态保护补偿机制的意见［J］．中华人民共和国国务院公报，2016（15）：19.

③ 财政部等．林业改革发展资金管理办法［J］．中华人民共和国国务院公报，2017（23）：74-79.

④ 国家发展改革委等．发展改革委关于印发《生态扶贫工作方案》的通知［EB/OL］．中国政府网，2018-01-24.

制的政策内容。"1. 对生存环境非常恶劣、退化严重、不宜放牧以及位于大江大河水源涵养区的草原实行禁牧封育，中央财政按照每年每亩6元的测算标准给予禁牧补助。5年为一个补助周期，禁牧期满后，根据草场生态功能恢复情况，继续实施禁牧或者转入草畜平衡管理，开展合理利用。2. 对禁牧区域以外的可利用草原根据草原载畜能力核定合理的载畜量，实施草畜平衡管理，中央财政对履行超载牲畜减畜计划的牧民按照每年每亩1.5元的测算标准给予草畜平衡奖励。牧民在草畜平衡的基础上实施季节性休牧和划区轮牧，形成草原合理利用的长效机制。3. 实行畜牧品种改良补贴。在中央财政对肉牛和绵羊进行良种补贴的基础上，进一步扩大覆盖范围，将牦牛和山羊纳入补贴范围。4. 实行牧草良种补贴。鼓励牧区有条件的地方开展人工种草，增强饲草补充供应能力，中央财政按照每年每亩10元的标准给予牧草良种补贴。5. 实行牧民生产资料综合补贴。中央财政按照每年每户500元的标准，对牧民给予生产资料综合补助。6. 中央财政每年安排绩效考核奖励资金，对工作突出、成效显著的省区给予资金奖励，出地方政府统筹用于草原生态保护工作。"①

2012年，国家把草原生态保护补助奖励政策实施范围扩大到河北、山西、辽宁、吉林、黑龙江（含黑龙江省农垦总局）等5个非主要牧区省的牧区半牧区县。至此，中央财政草原生态保护补助奖励资金覆盖全国13个省区的578个县、68个兵团团场和11个农垦牧场。2012年11月14日，财政部、农业部印发了《中央财政草原生态保护补助奖励资金绩效评价办法》，明确了中央财政草原生态保护补助奖励资金绩效评价的原则、组织实施、依据和内容、指标体系、结果运用等问题，确

---

① 农业部等. 2011年草原生态保护补助奖励机制政策实施的指导意见［J］. 中华人民共和国农业部公报，2011（7）：18-19.

保草原生态保护补助奖励各项政策落到实处，提高资金使用效益。

2016 年 3 月 1 日，农业部办公厅、财政部办公厅印发了《新一轮草原生态保护补助奖励政策实施指导意见（2016-2020 年）》，规定"十三五"期间国家在河北（新增兴隆、滦平、怀来、涿鹿、赤城等 5 县）、山西、内蒙古、辽宁、吉林、黑龙江、四川、云南、西藏、甘肃、青海、宁夏、新疆等 13 个省区，以及新疆生产建设兵团和黑龙江省农垦总局，启动实施新一轮草原生态保护补助奖励政策；在内蒙古、四川、云南、西藏、甘肃、宁夏、青海、新疆等 8 个省区和新疆生产建设兵团实施禁牧补助、草畜平衡奖励和绩效评价奖励；在河北、山西、辽宁、吉林、黑龙江等 5 个省和黑龙江省农垦总局实施"一揽子"政策和绩效评价奖励，补奖资金可统筹用于国家牧区半牧区县草原生态保护建设。① 2016 年 4 月 28 日，国务院办公厅印发了《关于健全生态保护补偿机制的意见》，指出："扩大退牧还草工程实施范围，适时研究提高补助标准，逐步加大对人工饲草地和牲畜棚圈建设的支持力度。实施新一轮草原生态保护补助奖励政策，根据牧区发展和中央财力状况，合理提高禁牧补助和草畜平衡奖励标准。充实草原管护公益岗位。"②

2018 年 1 月 18 日，国家发展改革委等 6 部门印发的《生态扶贫工作方案》强调："在内蒙古、西藏、新疆、青海、四川、甘肃、云南、宁夏、黑龙江、吉林、辽宁、河北、山西和新疆生产建设兵团的牧区半牧区县实施草原生态保护补助奖励政策，及时足额向牧民发放禁牧补助和草畜平衡奖励资金。"③

---

① 农业部办公厅等. 新一轮草原生态保护补助奖励政策实施指导意见（2016-2020 年）[J]. 中华人民共和国农业部公报，2016（3）：17-19.

② 国务院办公厅. 关于健全生态保护补偿机制的意见 [J]. 中华人民共和国国务院公报，2016（15）：19-20.

③ 国家发展改革委等. 发展改革委关于印发《生态扶贫工作方案》的通知 [EB/OL]. 中国政府网，2018-01-24.

3. 湿地生态效益补偿。2008 年 12 月 31 日，中共中央、国务院颁布了《关于 2009 年促进农业稳定发展农民持续增收的若干意见》，决定开展湿地生态效益补偿试点。2010 年 5 月 31 日，财政部、国家林业局发布了《关于 2010 年湿地保护补助工作的实施意见》，正式启动湿地生态效益保护补助工作，并规定 2010 年湿地补助以国际重要湿地为主，适当考虑湿地类型自然保护区和国家湿地公园；2010 年湿地保护补助资金补助范围为 20 个国际重要湿地、16 个湿地类型自然保护区、7 个国家湿地公园。2010 年至 2013 年，我国共实施湿地保护补助项目324 个，涉及 241 处湿地。通过项目实施，为基层保护管理机构新建了一批监测监控设施，包括监测和保护站点建设、巡护道路和围栏建设、小型保护设施设备购置等，使项目区 4590 万亩湿地得到了更好的保护；通过开展退耕还湿、生态补水、疏浚清淤、栖息地恢复等，恢复湿地36 万亩。项目从湿地周边社区聘用管护人员 5000 多人，涉及社区居民5000 户，直接增收超过 1 亿元。①

2014 年 1 月公布的第二次全国湿地资源调查（2009 年至 2013 年）结果显示：全国湿地总面积 5360.26 万公顷，湿地面积占国土面积的比率（即湿地率）为 5.58%。与第一次调查（1995 年至 2003 年）同口径比较，湿地面积减少了 339.63 万公顷，减少率为 8.82%。其中，自然湿地面积 4667.47 万公顷，占全国湿地总面积的 87.08%。与第一次调查同口径比较，自然湿地面积减少了 337.62 万公顷，减少率为9.33%。②调查结果表明：我国湿地保护还面临着湿地面积减少、功能有所减退、受威胁压力持续增大、保护空缺较多等问题。2014 年 4 月

① 王钰. 中央财政今年安排湿地补贴资金 16 亿元［N］. 中国绿色时报，2015-08-19（1）.
② 国家林业和草原局. 第二次全国湿地资源调查主要结果（2009-2013 年）［EB/OL］. 国家林业和草原局政府网，2014-01-28.

30 日，财政部、国家林业局印发了《中央财政林业补助资金管理办法》，明确了湿地补贴主要用于湿地保护与恢复、退耕还湿试点、湿地生态效益补偿试点、湿地保护奖励等相关支出。2014 年，中央财政湿地保护补助资金比 2013 年增加 5.4 倍，总额达到 16 亿元，实施湿地补贴项目 268 个。2015 年，中央财政共安排湿地补助资金 16 亿元，其中湿地保护与恢复支出 6.8 亿元、退耕还湿支出 1.15 亿元、湿地生态效益补偿支出 4.05 亿元、湿地保护奖励支出 4 亿元。[①]

2016 年 4 月 28 日，国务院办公厅印发了《关于健全生态保护补偿机制的意见》，指出："稳步推进退耕还湿试点，适时扩大试点范围。探索建立湿地生态效益补偿制度，率先在国家级湿地自然保护区、国际重要湿地、国家重要湿地开展补偿试点。"[②] 同年 12 月 9 日，财政部、国家林业局印发的《林业改革发展资金管理办法》规定："湿地补助包括湿地保护与恢复补助、退耕还湿补助、湿地生态效益补偿补助。湿地保护与恢复补助是指用于林业系统管理的国际重要湿地、国家重要湿地以及生态区位重要的国家湿地公园、省级以上（含省级）湿地自然保护区开展湿地保护与恢复的相关支出，包括监测监控设施维护和设备购置支出、退化湿地恢复支出和湿地所在保护管理机构聘用临时管护人员所需的劳务补助等支出。退耕还湿补助是指用于林业系统管理的国际重要湿地、国家级湿地自然保护区、国家重要湿地范围内的省级自然保护区实施退耕还湿的相关支出。湿地生态效益补偿补助是指用于对候鸟迁飞路线上的林业系统管理的重要湿地因鸟类等野生动物保护造成损失给

---

① 王钰. 中央财政今年安排湿地补贴资金 16 亿元 [N]. 中国绿色时报，2015-08-19 (1).

② 国务院办公厅. 关于健全生态保护补偿机制的意见 [J]. 中华人民共和国国务院公报，2016 (15)：20.

予的补偿支出。"①

2017 年 3 月 28 日，国家林业局等 3 部门联合印发的《全国湿地保护"十三五"实施规划》明确了"十三五"时期全国湿地保护规划目标："到 2020 年，全国湿地面积不低于 8 亿亩，湿地保护率达 50% 以上，恢复退化湿地 14 万公顷，新增湿地面积 20 万公顷（含退耕还湿）；建立比较完善的湿地保护体系、科普宣教体系和监测评估体系，明显提高湿地保护管理能力，增强湿地生态系统的自然性、完整性和稳定性。"②

4. 沙漠（荒漠）生态治理补偿。1991 年 8 月 29 日，国务院办公厅转发的全国绿化委员会、林业部报送的《关于治沙工作若干政策措施的意见》提出：新占用、征用经保护或治理的沙地，用地单位应按规定缴纳土地占用补偿费，此项费用专项用于治沙。2001 年 8 月 31 日，第九届全国人民代表大会常务委员会第二十三次会议审议通过的《防沙治沙法》提出：根据防沙治沙的面积和难易程度，给予从事防沙治沙活动的单位和个人资金补助、财政贴息以及税费减免等政策优惠；因保护生态的特殊要求，将治理后的土地批准划为自然保护区或者沙化土地封禁保护区的，批准机关应当给予治理者合理的经济补偿；国家根据防沙治沙的需要，组织设立防沙治沙重点科研项目和示范、推广项目，并对防沙治沙、沙区能源、沙生经济作物、节水灌溉、防止草原退化、沙地旱作农业等方面的科学研究与技术推广给予资金补助。2005 年 9 月 8 日，国务院颁发的《关于进一步加强防沙治沙工作的决定》提出：征占用治理后的土地，必须严格履行相关审批手续，并由征占者给予治

---

① 财政部等. 林业改革发展资金管理办法［J］. 中华人民共和国国务院公报，2017（23）：75.

② 国家林业局等. 三部门关于印发《全国湿地保护"十三五"实施规划》的函［EB/OL］. 中国政府网，2017-04-20.

理者合理的经济补偿；因保护生态的特殊要求，将治理后的土地划定为
自然保护区、封禁保护区的，按相关规定给予治理者合理的经济补偿；
对纳入公益林管理的沙区森林资源，要以多种方式给予投资治理者合理
补偿。

2011 年 12 月 31 日，中共中央、国务院印发的《关于加快推进农
业科技创新持续增强农产品供给保障能力的若干意见》强调扩大石漠
化综合治理实施范围，开展沙化土地封禁保护补助试点。2012 年 12 月
31 日，中共中央、国务院印发的《关于加快发展现代农业进一步增强
农村发展活力的若干意见》强调探索开展沙化土地封禁保护区建设试
点工作。2013 年 3 月，国家林业局等 7 部门联合印发的《全国防沙治
沙规划（2011－2020 年）》强调各级政府要随着财力的增强，加大对
防沙治沙的资金投入，并纳入同级财政预算和固定资产投资计划；在安
排中央财政建设投资时，要继续将防沙治沙作为一项重点；完善防沙治
沙财政补助政策，加大中央和地方财政对防沙治沙的扶持力度，对沙化
土地封禁保护区建设和流沙固定要安排补助资金。根据上述文件精神，
财政部和国家林业局在 2013 年启动了沙化土地封禁保护补助试点，中
央财政当年拨付补助资金 3 亿元，在内蒙古、西藏、陕西、甘肃、青
海、宁夏、新疆等 7 省区的 30 个县实施试点。2016 年 4 月 28 日，国务
院办公厅印发的《关于健全生态保护补偿机制的意见》强调，"开展沙
化土地封禁保护试点，将生态保护补偿作为试点重要内容。加强沙区资
源和生态系统保护，完善以政府购买服务为主的管护机制。研究制定鼓
励社会力量参与防沙治沙的政策措施，切实保障相关权益"①。

5. 海洋生态保护补偿。2010 年 6 月 12 日，山东省海洋与渔业厅印

① 国务院办公厅. 关于健全生态保护补偿机制的意见 [J]. 中华人民共和国国务院公
报，2016（15）：20.

发了《山东省海洋生态损害赔偿费和损失补偿费管理暂行办法》，其主要内容包括海洋生态损害赔偿和损失补偿的界定、海洋生态损害赔偿和损失补偿的提出主体和适用范围、赔偿费和补偿费的征收、使用管理和用途、损失补偿费的各级分成和减免、对赔偿费和补偿费征缴和使用的监督检查等。这是我国首个海洋生态方面的补偿和赔偿办法。同时，国家海洋局鼓励沿海地方积极探索海洋生态补偿。2011-2012年，威海市、连云港市、深圳市作为全国海洋生态补偿试点市，从海洋开发活动生态补偿、海洋保护区生态补偿和海洋生态修复工程生态补偿等3方面推进海洋生态补偿的试点工作。山东、福建、海南、广东等在围填海、跨海桥梁、海底排污管道等项目建设中开展生态补偿试点，由开发利用主体缴纳生态补偿费用、主管部门统筹安排于海洋生态保护补偿或由开发利用主体直接采取工程补偿措施进行生态修复与整治。

2015年6月19日，国家海洋局印发了《海洋生态文明建设实施方案（2015-2020年）》，并牵头制定海洋生态补偿相关标准，加大对重点生态功能区的转移支付力度，探索流域-海域生态补偿机制以及海洋工程建设项目生态补偿机制。2016年4月28日，国务院办公厅印发《关于健全生态保护补偿机制的意见》，强调"完善捕捞渔民转产转业补助政策，提高转产转业补助标准。继续执行海洋伏季休渔渔民低保制度。健全增殖放流和水产养殖生态环境修复补助政策。研究建立国家级海洋自然保护区、海洋特别保护区生态保护补偿制度"①。2017年11月4日，第十二届全国人民代表大会常务委员会第三十次会议通过新修订的《海洋环境保护法》，再次明确国家建立健全海洋生态保护补偿制度。

① 国务院办公厅.关于健全生态保护补偿机制的意见［J］.中华人民共和国国务院公报，2016（15）：20.

2021 年 7 月 2 日，自然资源部发布《海洋保护区生态保护补偿评估技术导则》，规定了海洋保护区（包括海洋自然保护区——以海洋自然环境和资源保护为目的，依法把包括保护对象在内的一定面积的海岸、河口、岛屿、湿地或海域划分出来，进行特殊保护和管理的区域，以及海洋特别保护区——对具有特殊地理条件、生态系统、生物与非生物资源及海洋开发利用特殊需要的区域采取有效的保护措施和科学的开发方式进行特殊管理的区域）生态保护补偿资金构成和核算的内容、工作程序、技术要求和方法。该《导则》适用于我国管辖的海洋保护区建设和管护过程的生态保护补偿评估。

6. 水流生态效益补偿。2010 年 12 月 25 日，第十一届全国人民代表大会常务委员会第十八次会议通过新修订的《水土保持法》强调国家要加强江河源头区、饮用水水源保护区和水源涵养区水土流失的预防和治理工作，多渠道筹集资金，将水土保持生态效益补偿纳入国家建立的生态效益补偿制度；在山区、丘陵区、风沙区以及水土保持规划确定的容易发生水土流失的其他区域开办生产建设项目或者从事其他生产建设活动，损坏水土保持设施、地貌植被，不能恢复原有水土保持功能的，应当缴纳水土保持补偿费，专项用于水土流失预防和治理。

2014 年 1 月 29 日，财政部等 4 部门联合印发了《水土保持补偿费征收使用管理办法》，详细规定了水土保持补偿费的征收、缴库、使用管理、法律责任等问题，核心是将水土保持补偿明确为生态功能补偿。该《办法》明确水土保持补偿费是水行政主管部门对损坏水土保持设施和地貌植被、不能恢复原有水土保持功能的生产建设单位和个人征收并专项用于水土流失预防治理的资金；在山区、丘陵区、风沙区以及水土保持规划确定的容易发生水土流失的其他区域开办生产建设项目或者从事其他生产建设活动，损坏水土保持设施、地貌植被，不能恢复原有水土保持功能的单位和个人，应当缴纳水土保持补偿费。该《办法》明确水土保持补偿费计征方式："（一）开办一般性生产建设项目的，按照征占用土地面积计征。（二）开采矿产资源的，在建设期间按照征占用土地面积计征；在开采期间，对石油、天然气以外的矿产资源按照开采量计征，对石油、天然气按照油气生产井占地面积每年计征。（三）取土、挖砂、采石以及烧制砖、瓦、瓷、石灰的，按照取土、挖砂、采石量计征。（四）排放废弃土、石、渣的，按照排放量计征。对缴纳义务人已按照前三种方式计征水土保持补偿费的，其排放废弃土、石、渣，不再按照排放量重复计征。"①

2016 年 4 月 28 日，国务院办公厅印发的《关于健全生态保护补偿机制的意见》强调："在江河源头区、集中式饮用水水源地、重要河流敏感河段和水生态修复治理区、水产种质资源保护区、水土流失重点预防区和重点治理区、大江大河重要蓄滞洪区以及具有重要饮用水源或重要生态功能的湖泊，全面开展生态保护补偿，适当提高补偿标准。加大水土保持生态效益补偿资金筹集力度。"②

7. 耕地生态保护补偿。从 2009 年起，浙江省在全国率先开始了"村、镇、县、市"逐级多年的耕地保护补偿试点探索。2016 年 3 月，浙江省国土资源厅、农业厅、财政厅联合印发了《关于全面建立耕地保护补偿机制的通知》，明确从 2016 年起，全省各市、县政府按照"谁保护，谁受益"的要求，对耕地保护进行经济补偿。该《通知》对补偿范围及对象、补偿标准、补偿资金使用、补偿资金发放程序以及资金筹措渠道等作出明确规定。随即，国土资源部办公厅转发了该《通

---

① 财政部等 . 水土保持补偿费征收使用管理办法［J］. 中华人民共和国水利部公报，2014（1）：25.

② 国务院办公厅 . 关于健全生态保护补偿机制的意见［J］. 中华人民共和国国务院公报，2016（15）：20.

知》，要求各地结合实际，认真学习借鉴，积极探索建立健全耕地保护补偿机制，更广泛地调动社会各方力量保护耕地积极性，牢牢守住耕地红线。

2016 年 4 月 28 日，国务院办公厅印发的《关于健全生态保护补偿机制的意见》强调，完善耕地保护补偿制度，"建立以绿色生态为导向的农业生态治理补贴制度，对在地下水漏斗区、重金属污染区、生态严重退化地区实施耕地轮作休耕的农民给予资金补助。扩大新一轮退耕还林还草规模，逐步将 25 度以上陡坡地退出基本农田，纳入退耕还林还草补助范围。研究制定鼓励引导农民施用有机肥料和低毒生物农药的补助政策"①。

2017 年 1 月 9 日，中共中央、国务院印发的《关于加强耕地保护和改进占补平衡的意见》强调健全耕地保护补偿机制。（1）加强对耕地保护责任主体的补偿激励。积极推进中央和地方各级涉农资金整合，综合考虑耕地保护面积、耕地质量状况、粮食播种面积、粮食产量和粮食商品率，以及耕地保护任务量等因素，统筹安排资金，按照谁保护、谁受益的原则，加大耕地保护补偿力度。鼓励地方统筹安排财政资金，对承担耕地保护任务的农村集体经济组织和农户给予奖补。奖补资金发放要与耕地保护责任落实情况挂钩，主要用于农田基础设施后期管护与修缮、地力培育、耕地保护管理等。（2）实行跨地区补充耕地的利益调节。在生态条件允许的前提下，支持耕地后备资源丰富的国家重点扶贫地区有序推进土地整治增加耕地，补充耕地指标可对口向省域内经济发达地区调剂，补充耕地指标调剂收益由县级政府通过预算安排用于耕地保护、农业生产和农村经济社会发展。省（自治区、直辖市）政府

---

① 国务院办公厅. 关于健全生态保护补偿机制的意见［J］. 中华人民共和国国务院公报，2016（15）：20.

统筹耕地保护和区域协调发展，支持占用耕地地区在支付补充耕地指标调剂费用基础上，通过实施产业转移、支持基础设施建设等多种方式，对口扶持补充耕地地区，调动补充耕地地区保护耕地的积极性。①

2019 年 8 月 26 日，第十三届全国人民代表大会常务委员会第十二次会议通过的新修订的《土地管理法》规定：国家实行占用耕地补偿制度，非农业建设经批准占用耕地的，按照"占多少，垦多少"的原则，由占用耕地的单位负责开垦与所占用耕地的数量和质量相当的耕地；没有条件开垦或者开垦的耕地不符合要求的，应当按照省、自治区、直辖市的规定缴纳耕地开垦费，专款用于开垦新的耕地。

2021 年 9 月 12 日，中共中央办公厅、国务院办公厅印发的《关于深化生态保护补偿制度改革的意见》强调建立健全分类补偿制度，"加强水生生物资源养护，确保长江流域重点水域十年禁渔落实到位。针对江河源头、重要水源地、水土流失重点防治区、蓄滞洪区、受损河湖等重点区域开展水流生态保护补偿。健全公益林补偿标准动态调整机制，鼓励地方结合实际探索对公益林实施差异化补偿。完善天然林保护制度，加强天然林资源保护管理。完善湿地生态保护补偿机制，逐步实现国家重要湿地（含国际重要湿地）生态保护补偿全覆盖。完善以绿色生态为导向的农业生态治理补贴制度。完善耕地保护补偿机制，因地制宜推广保护性耕作，健全耕地轮作休耕制度。落实好草原生态保护补奖政策。研究将退化和沙化草原列入禁牧范围。对暂不具备治理条件和因保护生态不宜开发利用的连片沙化土地依法实施封禁保护，健全沙化土地生态保护补偿制度。研究建立近海生态保护补偿制度"②。该《意见》

---

① 中共中央，国务院 . 关于加强耕地保护和改进占补平衡的意见 [J]. 中华人民共和国国务院公报，2017（5）：7.
② 中共中央办公厅，国务院办公厅 . 关于深化生态保护补偿制度改革的意见 [J]. 中华人民共和国国务院公报，2021（27）：9.

还强调逐步探索统筹保护模式，"生态保护地区所在地政府要在保障对生态环境要素相关权利人的分类补偿政策落实到位的前提下，结合生态空间中并存的多元生态环境要素系统谋划，依法稳步推进不同渠道生态保护补偿资金统筹使用，以灵活有效的方式一体化推进生态保护补偿工作，提高生态保护整体效益。有关部门要加强沟通协调，避免重复补偿"①。

第二节 健全综合补偿

坚持生态保护补偿力度与财政能力相匹配、与推进基本公共服务均等化相衔接，按照生态空间功能，实施纵横结合的综合补偿制度，促进生态受益地区与保护地区利益共享。

1. 健全纵向生态补偿机制。主要包括三方面内容。

（1）加大纵向补偿力度。结合中央财力状况逐步增加重点生态功能区转移支付规模。中央预算内投资对重点生态功能区基础设施和基本公共服务设施建设予以倾斜。继续对生态脆弱脱贫地区给予生态保护补偿，保持对原深度贫困地区支持力度不减。各省级政府要加大生态保护补偿资金投入力度，因地制宜出台生态保护补偿引导性政策和激励约束措施，调动省级以下地方政府积极性，加强生态保护，促进绿色发展。

（2）突出纵向补偿重点。对青藏高原、南水北调水源地等生态功能重要性突出地区，在重点生态功能区转移支付测算中通过提高转移支付系数、加计生态环保支出等方式加大支持力度，推动其基本公共服务

---

① 中共中央办公厅，国务院办公厅．关于深化生态保护补偿制度改革的意见 [J]．中华人民共和国国务院公报，2021（27）：9-10．

保障能力居于同等财力水平地区前列。建立健全以国家公园为主体的自然保护地体系生态保护补偿机制，根据自然保护地规模和管护成效加大保护补偿力度。各省级政府要将生态功能重要地区全面纳入省级对下生态保护补偿转移支付范围。

（3）改进纵向补偿办法。根据生态效益外溢性、生态功能重要性、生态环境敏感性和脆弱性等特点，在重点生态功能区转移支付中实施差异化补偿。引入生态保护红线作为相关转移支付分配因素，加大对生态保护红线覆盖比例较高地区支持力度。探索建立补偿资金与破坏生态环境相关产业逆向关联机制，对生态功能重要地区发展破坏生态环境相关产业的，适当减少补偿资金规模。研究通过农业转移人口市民化奖励资金对吸纳生态移民较多地区给予补偿，引导资源环境承载压力较大的生态功能重要地区人口逐步有序向外转移。推进生态综合补偿试点工作。①

2. 健全横向生态补偿机制。2011年8月24日，国务院第一百六十九次常务会议通过的《太湖流域管理条例》强调建立区域间生态效益补偿机制，并规定：上游地区未完成重点水污染物排放总量削减和控制计划、行政区域边界断面水质未达到阶段水质目标的，应当对下游地区予以补偿；上游地区完成重点水污染物排放总量削减和控制计划、行政区域边界断面水质达到阶段水质目标的，下游地区应当对上游地区予以补偿。2012年，财政部、环境保护部等有关部委在新安江流域启动全国首个跨省流域生态补偿机制首轮试点，设置补偿基金每年5亿元，其中：中央财政3亿元、皖浙两省各出资1亿元。

2015年4月25日，中共中央、国务院颁布的《关于加快推进生态

---

① 中共中央办公厅，国务院办公厅. 关于深化生态保护补偿制度改革的意见 [J]. 中华人民共和国国务院公报，2021（27）：10.

文明建设的意见》强调："建立地区间横向生态保护补偿机制，引导生态受益地区与保护地区之间、流域上游与下游之间，通过资金补助、产业转移、人才培训、共建园区等方式实施补偿。"① 2016 年 4 月 28 日，国务院办公厅印发的《关于健全生态保护补偿机制的意见》强调："研究制定以地方补偿为主、中央财政给予支持的横向生态保护补偿机制办法。鼓励受益地区与保护生态地区、流域下游与上游通过资金补偿、对口协作、产业转移、人才培训、共建园区等方式建立横向补偿关系。鼓励在具有重要生态功能、水资源供需矛盾突出、受各种污染危害或威胁严重的典型流域开展横向生态保护补偿试点。在长江、黄河等重要河流探索开展横向生态保护补偿试点。继续推进南水北调中线工程水源区对口支援、新安江水环境生态补偿试点，推动在京津冀水源涵养区、广西广东九洲江、福建广东汀江-韩江、江西广东东江、云南贵州广西广东西江等开展跨地区生态保护补偿试点。"②

2016 年 12 月 20 日，财政部等 4 部门联合印发了《关于加快建立流域上下游横向生态保护补偿机制的指导意见》，明确了横向生态保护补偿机制的主要内容。"（一）明确补偿基准。将流域跨界断面的水质水量作为补偿基准。流域跨界断面水质只能更好，不能更差，国家已确定断面水质目标的，补偿基准应高于国家要求。地方可选取高锰酸盐、氨氮、总氮、总磷以及流量、泥沙等监测指标，也可根据实际情况，选取其中部分指标，以签订补偿协议前 3-5 年平均值作为补偿基准，具体由流域上下游地区双方自主协商确定。（二）科学选择补偿方式。流域上下游地区可根据当地实际需求及操作成本等，协商选择资金补偿、对

---

① 中共中央，国务院．关于加快推进生态文明建设的意见 [J]．中华人民共和国国务院公报，2015（14）：12.

② 国务院办公厅．关于健全生态保护补偿机制的意见 [J]．中华人民共和国国务院公报，2016（15）：21.

口协作、产业转移、人才培训、共建园区等补偿方式。鼓励流域上下游地区开展排污权交易和水权交易。（三）合理确定补偿标准。流域上下游地区应当根据流域生态环境现状、保护治理成本投入、水质改善的收益、下游支付能力、下泄水量保障等因素，综合确定补偿标准，以更好地体现激励与约束。（四）建立联防共治机制。流域上下游地区应当建立联席会议制度，按照流域水资源统一管理要求，协商推进流域保护与治理，联合查处跨界违法行为，建立重大工程项目环评共商、环境污染应急联防机制。流域上游地区应有效开展农村环境综合整治、水源涵养建设和水土流失防治，加强工业点源污染防治，实施河道清淤疏浚等工程措施。流域下游地区也应当积极推动本行政区域内的生态环境保护和治理，并对上游地区开展的流域保护治理工作、补偿资金使用等进行监督。（五）签订补偿协议。上述补偿基准、补偿方式、补偿标准、联防共治机制等，应通过流域上下游地方政府签订具有约束力协议等方式进行明确。"①

中共中央办公厅、国务院办公厅印发的《关于深化生态保护补偿制度改革的意见》强调："巩固跨省流域横向生态保护补偿机制试点成果，总结推广成熟经验。鼓励地方加快重点流域跨省上下游横向生态保护补偿机制建设，开展跨区域联防联治。推动建立长江、黄河全流域横向生态保护补偿机制，支持沿线省（自治区、直辖市）在干流及重要支流自主建立省际和省内横向生态保护补偿机制。对生态功能特别重要的跨省和跨地市重点流域横向生态保护补偿，中央财政和省级财政分别给予引导支持。鼓励地方探索大气等其他生态环境要素横向生态保护补偿方式，通过对口协作、产业转移、人才培训、共建园区、购买生态产

---

① 财政部等. 关于加快建立流域上下游横向生态保护补偿机制的指导意见［J］. 中华人民共和国财政部文告，2017（4）：55.

品和服务等方式，促进受益地区与生态保护地区良性互动。"①

第三节　推进多元补偿

合理界定生态环境权利，按照受益者付费的原则，通过市场化、多元化方式，促进生态保护者利益得到有效补偿，激发全社会参与生态保护的积极性。

1. 完善市场交易机制。加快自然资源统一确权登记，建立归属清晰、权责明确、保护严格、流转顺畅、监管有效的自然资源资产产权制度，完善反映市场供求和资源稀缺程度、体现生态价值和代际补偿的自然资源资产有偿使用制度，对履行自然资源资产保护义务的权利主体给予合理补偿。在合理科学控制总量的前提下，建立用水权、排污权、碳排放权初始分配制度。逐步开展市场化环境权交易。鼓励地区间依据区域取用水总量和权益，通过水权交易解决新增用水需求。明确取用水户水资源使用权，鼓励取水权人在节约使用水资源基础上有偿转让取水权。全面实行排污许可制，在生态环境质量达标的前提下，落实生态保护地区排污权有偿使用和交易。加快建设全国用能权、碳排放权交易市场。健全以国家温室气体自愿减排交易机制为基础的碳排放权抵消机制，将具有生态、社会等多种效益的林业、可再生能源、甲烷利用等领域温室气体自愿减排项目纳入全国碳排放权交易市场。②

2. 拓展市场化融资渠道。研究发展基于水权、排污权、碳排放权

---

① 中共中央办公厅，国务院办公厅. 关于深化生态保护补偿制度改革的意见［J］. 中华人民共和国国务院公报，2021（27）：10.

② 中共中央办公厅，国务院办公厅. 关于深化生态保护补偿制度改革的意见［J］. 中华人民共和国国务院公报，2021（27）：10-11.

等各类资源环境权益的融资工具，建立绿色股票指数，发展碳排放权期货交易。扩大绿色金融改革创新试验区试点范围，把生态保护补偿融资机制与模式创新作为重要试点内容。推广生态产业链金融模式。鼓励银行业金融机构提供符合绿色项目融资特点的绿色信贷服务。鼓励符合条件的非金融企业和机构发行绿色债券。鼓励保险机构开发创新绿色保险产品参与生态保护补偿。①

3. 探索多样化补偿方式。支持生态功能重要地区开展生态环保教育培训，引导发展特色优势产业、扩大绿色产品生产。加快发展生态农业和循环农业。推进生态环境导向的开发模式项目试点。鼓励地方将环境污染防治、生态系统保护修复等工程与生态产业发展有机融合，完善居民参与方式，建立持续性惠益分享机制。建立健全自然保护地控制区经营性项目特许经营管理制度。探索危险废物跨区域转移处置补偿机制。②

中共中央办公厅、国务院办公厅印发的《关于深化生态保护补偿制度改革的意见》强调，加快相关领域制度建设和体制机制改革，为深化生态保护补偿制度改革提供更加可靠的法治保障、政策支持和技术支撑。

（1）加快推进法治建设。落实环境保护法、长江保护法以及水、森林、草原、海洋、渔业等方面法律法规；加快研究制定生态保护补偿条例，明确生态受益者和生态保护者权利义务关系；开展生态保护补偿、重要流域及其他生态功能区相关法律法规立法研究，加快黄河保护立法进程；鼓励和指导地方结合本地实际出台生态保护补偿相关法规规

---

① 中共中央办公厅，国务院办公厅. 关于深化生态保护补偿制度改革的意见 [J]. 中华人民共和国国务院公报，2021（27）：11.

② 中共中央办公厅，国务院办公厅. 关于深化生态保护补偿制度改革的意见 [J]. 中华人民共和国国务院公报，2021（27）：11.

章或规范性文件；加强执法检查，营造依法履行生态保护义务的法治氛围。

（2）完善生态环境监测体系。加快构建统一的自然资源调查监测体系，开展自然资源分等定级和全民所有自然资源资产清查；健全统一的生态环境监测网络，优化全国重要水体、重点区域、重点生态功能区和生态保护红线等国家生态环境监测点位布局，提升自动监测预警能力，加快完善生态保护补偿监测支撑体系，推动开展全国生态质量监测评估；建立生态保护补偿统计指标体系和信息发布制度。

（3）发挥财税政策调节功能。发挥资源税、环境保护税等生态环境保护相关税费以及土地、矿产、海洋等自然资源资产收益管理制度的调节作用；继续推进水资源税改革；落实节能环保、新能源、生态建设等相关领域的税收优惠政策；逐步探索对预算支出开展生态环保方面的评估；实施政府绿色采购政策，建立绿色采购引导机制，加大绿色产品采购力度，支持绿色技术创新和绿色建材、绿色建筑发展。

（4）完善相关配套政策措施。建立占用补偿、损害赔偿与保护补偿协同推进的生态环境保护机制；建立健全依法建设占用各类自然生态空间的占用补偿制度；逐步建立统一的绿色产品评价标准、绿色产品认证及标识体系，健全地理标志保护制度；建立和完善绿色电力生产、消费证书制度；大力实施生物多样性保护重大工程；有效防控野生动物造成的危害，依法对因法律规定保护的野生动物造成的人员伤亡、农作物或其他财产损失开展野生动物致害补偿；积极推进生态保护、环境治理和气候变化等领域的国际交流与合作，开展生态保护补偿有关技术方法等联合研究。①

----

① 中共中央办公厅，国务院办公厅．关于深化生态保护补偿制度改革的意见［J］．中华人民共和国国务院公报，2021（27）：11-12.

该《意见》还强调健全生态保护考评体系，加强考评结果运用，严格生态环境损害责任追究，推动各方落实主体责任，切实履行各自义务。

（1）落实主体责任。地方各级党委和政府要强化主体责任意识，树立正确政绩观，落实领导干部生态文明建设责任制，压实生态环境保护责任，严格实行党政同责、一岗双责，加强政策宣传，积极探索实践，推动改革任务落细落实。有关部门要加强制度建设，充分发挥生态保护补偿工作部际联席会议制度作用，及时研究解决改革过程中的重要问题。财政部、生态环境部要协调推进改革任务落实。生态保护地区所在地政府要统筹各渠道生态保护补偿资源，加大生态环境保护力度，杜绝边享受补偿政策、边破坏生态环境。生态受益地区要自觉强化补偿意识，积极主动履行补偿责任。

（2）健全考评机制。在健全生态环境质量监测与评价体系的基础上，对生态保护补偿责任落实情况、生态保护工作成效进行综合评价，完善评价结果与转移支付资金分配挂钩的激励约束机制。按规定开展有关创建评比，应将生态保护补偿责任落实情况、生态保护工作成效作为重要内容。推进生态保护补偿资金全面预算绩效管理。加大生态环境质量监测与评价结果公开力度。将生态环境和基本公共服务改善情况等纳入政绩考核体系。鼓励地方探索建立绿色绩效考核评价机制。

（3）强化监督问责。加强生态保护补偿工作进展跟踪，开展生态保护补偿实施效果评估，将生态保护补偿工作开展不力、存在突出问题的地区和部门纳入督察范围。加强自然资源资产离任审计，对不顾生态环境盲目决策、造成严重后果的，依规依纪依法严格问责、终身追责。①

---

① 中共中央办公厅，国务院办公厅．关于深化生态保护补偿制度改革的意见［J］．中华人民共和国国务院公报，2021（27）：12.

第八章　深入开展污染防治行动

我国以可吸入颗粒物、细颗粒物为特征污染物的区域性大气环境问题较为突出，有的地区水环境质量差、水生态受损重、环境隐患多等问题比较突出，土壤环境总体状况堪忧，有的地区污染较为严重。大气污染、水污染、土壤污染，严重影响和损害广大群众的身体健康。

第一节　大气污染治理

过去一段时间里，我国大气污染形势严峻，以可吸入颗粒物（PM10）、细颗粒物（PM2.5）为特征污染物的区域性大气环境问题日益突出，损害人民群众身体健康，影响社会和谐稳定。随着我国工业化、城镇化的持续推进，能源资源消耗持续增加，大气污染防治压力继续加大。

2013 年 9 月 10 日，国务院印发了《大气污染防治行动计划》，提出了大气污染防治的 10 条具体措施。（1）加大综合治理力度，减少多污染物排放，即加强工业企业大气污染综合治理、深化面源污染治理、强化移动源污染防治。（2）调整优化产业结构，推动产业转型升级，即严控"两高"行业新增产能、加快淘汰落后产能、压缩过剩产能、坚决停建产能严重过剩行业违规在建项目。（3）加快企业技术改造，提高科技创新能力，即强化科技研发和推广、全面推行清洁生产、大力发展循环经济、大力培育节能环保产业。（4）加快调整能源结构，增加清洁能源供应，即控制煤炭消费总量、加快清洁能源替代利用、推进煤炭清洁利用、提高能源使用效率。（5）严格节能环保准入，优化产业空间布局，即调整产业布局、强化节能环保指标约束、优化空间格局。（6）发挥市场机制作用，完善环境经济政策，即发挥市场机制调节作用、完善价格税收政策、拓宽投融资渠道。（7）健全法律法规体系，严格依法监督管理，即完善法律法规标准、提高环境监管能力、加大环保执法力度、实行环境信息公开。（8）建立区域协作机制，统筹区域环境治理，即建立区域协作机制、分解目标任务、实行严格责任追究。（9）建立监测预警应急体系，妥善应对重污染天气，即建立监测预警体系、制定完善应急预案、及时采取应急措施。（10）明确政府企业和社会的责任，动员全民参与环境保护，即明确地方政府统领责任、加强部门协调联动、强化企业施治、广泛动员社会参与。①

2018年6月16日，中共中央、国务院印发了《关于全面加强生态环境保护坚决打好污染防治攻坚战的意见》，强调编制实施打赢蓝天保卫战三年作战计划，以京津冀及周边、长三角、汾渭平原等重点区域为主战场，调整优化产业结构、能源结构、运输结构、用地结构，强化区域联防联控和重污染天气应对，进一步明显降低PM2.5浓度，明显减少重污染天数，明显改善大气环境质量，明显增强人民的蓝天幸福感。

1. 加强工业企业大气污染综合治理。全面整治"散乱污"企业及集群，实行拉网式排查和清单式、台账式、网格化管理，分类实施关停

---

① 国务院. 大气污染防治行动计划 [J]. 中华人民共和国国务院公报，2013（27）：20−26.

取缔、整合搬迁、整改提升等措施，京津冀及周边区域 2018 年年底前完成，其他重点区域 2019 年年底前完成。坚决关停用地、工商手续不全并难以通过改造达标的企业，限期治理可以达标改造的企业，逾期依法一律关停。强化工业企业无组织排放管理，推进挥发性有机物排放综合整治，开展大气氨排放控制试点。到 2020 年，挥发性有机物排放总量比 2015 年下降 10% 以上。重点区域和大气污染严重城市加大钢铁、铸造、炼焦、建材、电解铝等产能压减力度，实施大气污染物特别排放限值。加大排放高、污染重的煤电机组淘汰力度，在重点区域加快推进。到 2020 年，具备改造条件的燃煤电厂全部完成超低排放改造，重点区域不具备改造条件的高污染燃煤电厂逐步关停。推动钢铁等行业超低排放改造。①

2. 大力推进散煤治理和煤炭消费减量替代。增加清洁能源使用，拓宽清洁能源消纳渠道，落实可再生能源发电全额保障性收购政策。安全高效发展核电。推动清洁低碳能源优先上网。加快重点输电通道建设，提高重点区域接受外输电比例。因地制宜、加快实施北方地区冬季清洁取暖五年规划。鼓励余热、浅层地热能等清洁能源取暖。加强煤层气（煤矿瓦斯）综合利用，实施生物天然气工程。到 2020 年，京津冀及周边、汾渭平原的平原地区基本完成生活和冬季取暖散煤替代；北京、天津、河北、山东、河南及珠三角区域煤炭消费总量比 2015 年均下降 10% 左右，上海、江苏、浙江、安徽及汾渭平原煤炭消费总量均下降 5% 左右；重点区域基本淘汰每小时 35 蒸吨以下燃煤锅炉。推广清洁高效燃煤锅炉。②

---

① 中共中央，国务院.关于全面加强生态环境保护坚决打好污染防治攻坚战的意见[J].中华人民共和国国务院公报，2018（19）：11.

② 中共中央，国务院.关于全面加强生态环境保护坚决打好污染防治攻坚战的意见[J].中华人民共和国国务院公报，2018（19）：11.

3. 打好柴油货车污染治理攻坚战。以开展柴油货车超标排放专项整治为抓手，统筹开展油、路、车治理和机动车船污染防治。严厉打击生产销售不达标车辆、排放检验机构检测弄虚作假等违法行为。加快淘汰老旧车，鼓励清洁能源车辆、船舶的推广使用。建设"天地车人"一体化的机动车排放监控系统，完善机动车遥感监测网络。推进钢铁、电力、电解铝、焦化等重点工业企业和工业园区货物由公路运输转向铁路运输。显著提高重点区域大宗货物铁路水路货运比例，提高沿海港口集装箱铁路集疏港比例。重点区域提前实施机动车国六排放标准，严格实施船舶和非道路移动机械大气排放标准。鼓励淘汰老旧船舶、工程机械和农业机械。落实珠三角、长三角、环渤海京津冀水域船舶排放控制区管理政策，全国主要港口和排放控制区内港口靠港船舶率先使用岸电。到 2020 年，长江干线、西江航运干线、京杭运河水上服务区和待闸锚地基本具备船舶岸电供应能力。2019 年 1 月 1 日起，全国供应符合国六标准的车用汽油和车用柴油，力争重点区域提前供应。尽快实现车用柴油、普通柴油和部分船舶用油标准并轨。内河和江海直达船舶必须使用硫含量不大于 10 毫克/千克的柴油。严厉打击生产、销售和使用非标车（船）用燃料行为，彻底清除黑加油站点。①

4. 强化国土绿化和扬尘管控。积极推进露天矿山综合整治，加快环境修复和绿化。开展大规模国土绿化行动，加强北方防沙带建设，实施京津风沙源治理工程、重点防护林工程，增加林草覆盖率。在城市功能疏解、更新和调整中，将腾退空间优先用于留白增绿。落实城市道路和城市范围内施工工地等扬尘管控。②

---

① 中共中央，国务院. 关于全面加强生态环境保护坚决打好污染防治攻坚战的意见 [J]. 中华人民共和国国务院公报，2018（19）：11.

② 中共中央，国务院. 关于全面加强生态环境保护坚决打好污染防治攻坚战的意见 [J]. 中华人民共和国国务院公报，2018（19）：11.

5. 有效应对重污染天气。强化重点区域联防联控联治，统一预警分级标准、信息发布、应急响应，提前采取应急减排措施，实施区域应急联动，有效降低污染程度。完善应急预案，明确政府、部门及企业的应急责任，科学确定重污染期间管控措施和污染源减排清单。指导公众做好重污染天气健康防护。推进预测预报预警体系建设，2018 年年底前，进一步提升国家级空气质量预报能力，区域预报中心具备 7 至 10 天空气质量预报能力，省级预报中心具备 7 天空气质量预报能力并精确到所辖各城市。重点区域采暖季节，对钢铁、焦化、建材、铸造、电解铝、化工等重点行业企业实施错峰生产。重污染期间，对钢铁、焦化、有色、电力、化工等涉及大宗原材料及产品运输的重点企业实施错峰运输；强化城市建设施工工地扬尘管控措施，加强道路机扫。依法严禁秸秆露天焚烧，全面推进综合利用。到 2020 年，地级及以上城市重污染天数比 2015 年减少 25%。①

2018 年 7 月 3 日，国务院印发了《打赢蓝天保卫战三年行动计划》，明确了打赢蓝天保卫战三年行动的重点区域范围是京津冀及周边地区，包含北京市，天津市，河北省石家庄、唐山、邯郸、邢台、保定、沧州、廊坊、衡水市以及雄安新区，山西省太原、阳泉、长治、晋城市，山东省济南、淄博、济宁、德州、聊城、滨州、菏泽市，河南省郑州、开封、安阳、鹤壁、新乡、焦作、濮阳市等；长三角地区，包含上海市、江苏省、浙江省、安徽省；汾渭平原，包含山西省晋中、运城、临汾、吕梁市，河南省洛阳、三门峡市，陕西省西安、铜川、宝鸡、咸阳、渭南市以及杨凌示范区等。②

---

① 中共中央，国务院. 关于全面加强生态环境保护坚决打好污染防治攻坚战的意见 [J]. 中华人民共和国国务院公报，2018（19）：11-12.

② 国务院. 打赢蓝天保卫战三年行动计划 [J]. 中华人民共和国国务院公报，2018（20）：41.

该《行动计划》提出了打赢蓝天保卫战三年行动的9条具体措施。（1）调整优化产业结构，推进产业绿色发展，即优化产业布局、严控"两高"行业产能、强化"散乱污"企业综合整治、深化工业污染治理、大力培育绿色环保产业。（2）加快调整能源结构，构建清洁低碳高效能源体系，即有效推进北方地区清洁取暖、重点区域继续实施煤炭消费总量控制、开展燃煤锅炉综合整治、提高能源利用效率、加快发展清洁能源和新能源。（3）积极调整运输结构，发展绿色交通体系，即优化调整货物运输结构、加快车船结构升级、加快油品质量升级、强化移动源污染防治。（4）优化调整用地结构，推进面源污染治理，即实施防风固沙绿化工程、推进露天矿山综合整治、加强扬尘综合治理、加强秸秆综合利用和氨排放控制。（5）实施重大专项行动，大幅降低污染物排放，即开展重点区域秋冬季攻坚行动、打好柴油货车污染治理攻坚战，开展工业炉窑治理专项行动、实施VOCs专项整治方案。（6）强化区域联防联控，有效应对重污染天气，即建立完善区域大气污染防治协作机制、加强重污染天气应急联动、夯实应急减排措施。（7）健全法律法规体系，完善环境经济政策，即完善法律法规标准体系、拓宽投融资渠道、加大经济政策支持力度。（8）加强基础能力建设，严格环境执法督察，即完善环境监测监控网络、强化科技基础支撑、加大环境执法力度、深入开展环境保护督察。（9）明确落实各方责任，动员全社会广泛参与，即加强组织领导、严格考核问责、加强环境信息公开、构建全民行动格局。①

2018年10月26日，第十三届全国人民代表大会常务委员会第六次会议通过的新修订的《大气污染防治法》进一步提出了燃煤和其他能源污染、工业污染、机动车船等污染、扬尘污染、农业和其他污染等防

---

① 国务院. 打赢蓝天保卫战三年行动计划［J］. 中华人民共和国国务院公报，2018（20）：41-52.

治措施，明确了大气污染防治标准和限期达标规划、大气污染防治的监督管理、重污染天气应对、法律责任等问题。

第二节　水污染治理

过去一段时间里，我国一些地区水环境质量差、水生态受损重、环境隐患多等问题比较突出。有的重点流域存在排放不达标、处理设施不完善、管网配套不足、排污布局与水环境承载能力不匹配等现象。水污染问题影响和损害群众健康，不利于经济社会持续发展。

2015年4月16日，国务院印发了《水污染防治行动计划》，提出了加强水污染防治的10条具体措施。

1. 全面控制污染物排放。狠抓工业污染防治，包括取缔"十小"企业、专项整治十大重点行业、集中治理工业集聚区水污染；强化城镇生活污染治理，包括加快城镇污水处理设施建设与改造、全面加强配套管网建设、推进污泥处理处置；推进农业农村污染防治，包括防治畜禽养殖污染、控制农业面源污染、调整种植业结构与布局、加快农村环境综合整治；加强船舶港口污染控制，包括积极治理船舶污染、增强港口码头污染防治能力。[①]

2. 推动经济结构转型升级。调整产业结构，包括依法淘汰落后产能、严格环境准入；优化空间布局，包括合理确定发展布局、结构和规模，推动污染企业退出，积极保护生态空间；推进循环发展，包括加强工业水循环利用、促进再生水利用、推动海水利用。[②]

---

① 国务院. 水污染防治行动计划［J］. 中华人民共和国国务院公报，2015（12）：27-28.
② 国务院. 水污染防治行动计划［J］. 中华人民共和国国务院公报，2015（12）：29-30.

3. 着力节约保护水资源。控制用水总量，包括实施最严格水资源管理、严控地下水超采；提高用水效率，包括建立万元国内生产总值水耗指标等用水效率评估体系、把节水目标任务完成情况纳入地方政府政绩考核、抓好工业节水、加强城镇节水、发展农业节水；科学保护水资源，包括完善水资源保护考核评价体系、加强江河湖库水量调度管理、科学确定生态流量。①

4. 强化科技支撑。推广示范适用技术，包括加快技术成果推广应用，重点推广饮用水净化、节水、水污染治理及循环利用，城市雨水收集利用，再生水安全回用，水生态修复，畜禽养殖污染防治等适用技术；攻关研发前瞻技术，包括整合科技资源，通过相关国家科技计划（专项、基金）等，加快研发重点行业废水深度处理、生活污水低成本高标准处理、海水淡化和工业高盐废水脱盐、饮用水微量有毒污染物处理、地下水污染修复、危险化学品事故和水上溢油应急处置等技术；大力发展环保产业，包括规范环保产业市场、加快发展环保服务业。②

5. 充分发挥市场机制作用。理顺价格税费，包括加快水价改革、完善收费政策、健全税收政策；促进多元融资，包括引导社会资本投入、增加政府资金投入；建立激励机制，包括健全节水环保"领跑者"制度、推行绿色信贷、实施跨界水环境补偿。③

6. 严格环境执法监管。完善法规标准，包括健全法律法规、完善标准体系；加大执法力度，包括所有排污单位必须依法实现全面达标排放，完善国家督查、省级巡查、地市检查的环境监督执法机制，强化环

---

① 国务院. 水污染防治行动计划［J］. 中华人民共和国国务院公报，2015（12）：30-31.

② 国务院. 水污染防治行动计划［J］. 中华人民共和国国务院公报，2015（12）：31.

③ 国务院. 水污染防治行动计划［J］. 中华人民共和国国务院公报，2015（12）：31-32.

保、公安、监察等部门和单位协作，健全行政执法与刑事司法衔接配合机制，完善案件移送、受理、立案、通报等规定，严厉打击环境违法行为；提升监管水平，包括完善流域协作机制、完善水环境监测网络、提高环境监管能力。①

7. 切实加强水环境管理。强化环境质量目标管理，明确各类水体水质保护目标，逐一排查达标状况；深化污染物排放总量控制，完善污染物统计监测体系，将工业、城镇生活、农业、移动源等各类污染源纳入调查范围，选择对水环境质量有突出影响的总氮、总磷、重金属等污染物，研究纳入流域、区域污染物排放总量控制约束性指标体系；严格环境风险控制，包括防范环境风险、稳妥处置突发水环境污染事件；全面推行排污许可，包括依法核发排污许可证、加强许可证管理。②

8. 全力保障水生态环境安全。保障饮用水水源安全，包括从水源到水龙头全过程监管饮用水安全、强化饮用水水源环境保护、防治地下水污染；深化重点流域污染防治，包括编制实施七大重点流域水污染防治规划、加强良好水体保护；加强近岸海域环境保护，包括实施近岸海域污染防治方案、推进生态健康养殖、严格控制环境激素类化学品污染；整治城市黑臭水体，包括采取控源截污、垃圾清理、清淤疏浚、生态修复等措施，加大黑臭水体治理力度，每半年向社会公布治理情况；保护水和湿地生态系统，包括加强河湖水生态保护、科学划定生态保护红线，保护海洋生态。③

9. 明确和落实各方责任。强化地方政府水环境保护责任，各级地

---

① 国务院.水污染防治行动计划［J］.中华人民共和国国务院公报，2015（12）：32-33.

② 国务院.水污染防治行动计划［J］.中华人民共和国国务院公报，2015（12）：34.

③ 国务院.水污染防治行动计划［J］.中华人民共和国国务院公报，2015（12）：34-36.

方人民政府是实施本行动计划的主体，要不断完善政策措施，加大资金投入，统筹城乡水污染治理，强化监管，确保各项任务全面完成；加强部门协调联动，建立全国水污染防治工作协作机制，定期研究解决重大问题；落实排污单位主体责任，各类排污单位要严格执行环保法律法规和制度，加强污染治理设施建设和运行管理，开展自行监测，落实治污减排、环境风险防范等责任；严格目标任务考核，每年分流域、分区域、分海域对行动计划实施情况进行考核，考核结果向社会公布，并作为对领导班子和领导干部综合考核评价的重要依据，将考核结果作为水污染防治相关资金分配的参考依据。①

10. 强化公众参与和社会监督。依法公开环境信息，综合考虑水环境质量及达标情况等因素，国家每年公布最差、最好的 10 个城市名单和各省（区、市）水环境状况；加强社会监督，为公众、社会组织提供水污染防治法规培训和咨询，邀请其全程参与重要环保执法行动和重大水污染事件调查，公开曝光环境违法典型案件，健全举报制度，充分发挥"12369"环保举报热线和网络平台作用；构建全民行动格局，树立"节水洁水，人人有责"的行为准则，加强宣传教育，把水资源、水环境保护和水情知识纳入国民教育体系，提高公众对经济社会发展和环境保护客观规律的认识。②

2017 年 6 月 27 日，第十二届全国人民代表大会常务委员会第二十八次会议通过新修订的《水污染防治法》，进一步明确了水污染防治的标准和规划、水污染防治的监督管理、水污染防治措施、饮用水水源和其他特殊水体保护、水污染事故处置、法律责任等问题。同年 10 月 12 日，环境保护部等 3 部门联合印发了《重点流域水污染防治规划

---

① 国务院. 水污染防治行动计划［J］. 中华人民共和国国务院公报，2015（12）：36.
② 国务院. 水污染防治行动计划［J］. 中华人民共和国国务院公报，2015（12）：37.

（2016-2020 年）》，规划范围包括长江、黄河、珠江、松花江、淮河、海河、辽河等 7 大流域，以及浙闽片河流、西南诸河、西北诸河。该《规划》明确了水污染防治基本形势、水环境质量改善总体要求、规划重点任务、规划项目、保障措施等问题。

2018 年 6 月 16 日，中共中央、国务院印发了《关于全面加强生态环境保护坚决打好污染防治攻坚战的意见》，强调深入实施水污染防治行动计划，坚持污染减排和生态扩容两手发力，加快工业、农业、生活污染源和水生态系统整治，保障饮用水安全，消除城市黑臭水体，减少污染严重水体和不达标水体。

1. 打好水源地保护攻坚战。加强水源水、出厂水、管网水、末梢水的全过程管理。划定集中式饮用水水源保护区，推进规范化建设。强化南水北调水源地及沿线生态环境保护。深化地下水污染防治。全面排查和整治县级及以上城市水源保护区内的违法违规问题，长江经济带于 2018 年年底前、其他地区于 2019 年年底前完成。单一水源供水的地级及以上城市应当建设应急水源或备用水源。定期监（检）测、评估集中式饮用水水源、供水单位供水和用户水龙头水质状况，县级及以上城市至少每季度向社会公开一次。①

2. 打好城市黑臭水体治理攻坚战。实施城镇污水处理"提质增效"三年行动，加快补齐城镇污水收集和处理设施短板，尽快实现污水管网全覆盖、全收集、全处理。完善污水处理收费政策，各地要按规定将污水处理收费标准尽快调整到位，原则上应补偿到污水处理和污泥处置设施正常运营并合理盈利。对中西部地区，中央财政给予适当支持。加强城市初期雨水收集处理设施建设，有效减少城市面源污染。到 2020 年，

---

① 中共中央，国务院. 关于全面加强生态环境保护坚决打好污染防治攻坚战的意见[J]. 中华人民共和国国务院公报，2018（19）：12.

地级及以上城市建成区黑臭水体消除比例达90%以上。鼓励京津冀、长三角、珠三角区域城市建成区尽早全面消除黑臭水体。①

3. 打好长江保护修复攻坚战。开展长江流域生态隐患和环境风险调查评估，划定高风险区域，从严实施生态环境风险防控措施。优化长江经济带产业布局和规模，严禁污染型产业、企业向上中游地区转移。排查整治入河入湖排污口及不达标水体，市、县级政府制定实施不达标水体限期达标规划。到2020年，长江流域基本消除劣V类水体。强化船舶和港口污染防治，现有船舶到2020年全部完成达标改造，港口、船舶修造厂环卫设施、污水处理设施纳入城市设施建设规划。加强沿河环湖生态保护，修复湿地等水生态系统，因地制宜建设人工湿地水质净化工程。实施长江流域上中游水库群联合调度，保障干流、主要支流和湖泊基本生态用水。②

4. 打好渤海综合治理攻坚战。以渤海海区的渤海湾、辽东湾、莱州湾、辽河口、黄河口等为重点，推动河口海湾综合整治。全面整治入海污染源，规范入海排污口设置，全部清理非法排污口。严格控制海水养殖等造成的海上污染，推进海洋垃圾防治和清理。率先在渤海实施主要污染物排海总量控制制度，强化陆海污染联防联控，加强入海河流治理与监管。实施最严格的围填海和岸线开发管控，统筹安排海洋空间利用活动。渤海禁止审批新增围填海项目，引导符合国家产业政策的项目消化存量围填海资源，已审批但未开工的项目要依法重新进行评估和清理。③

---

① 中共中央，国务院. 关于全面加强生态环境保护坚决打好污染防治攻坚战的意见 [J]. 中华人民共和国国务院公报，2018（19）：12.

② 中共中央，国务院. 关于全面加强生态环境保护坚决打好污染防治攻坚战的意见 [J]. 中华人民共和国国务院公报，2018（19）：12.

③ 中共中央，国务院. 关于全面加强生态环境保护坚决打好污染防治攻坚战的意见 [J]. 中华人民共和国国务院公报，2018（19）：12-13.

5. 打好农业农村污染治理攻坚战。以建设美丽宜居村庄为导向，持续开展农村人居环境整治行动，实现全国行政村环境整治全覆盖。到2020年，农村人居环境明显改善，村庄环境基本干净整洁有序，东部地区、中西部城市近郊区等有基础、有条件的地区人居环境质量全面提升，管护长效机制初步建立；中西部有较好基础、基本具备条件的地区力争实现90%左右的村庄生活垃圾得到治理，卫生厕所普及率达到85%左右，生活污水乱排乱放得到管控。减少化肥农药使用量，制修订并严格执行化肥农药等农业投入品质量标准，严格控制高毒高风险农药使用，推进有机肥替代化肥、病虫害绿色防控替代化学防治和废弃农膜回收，完善废旧地膜和包装废弃物等回收处理制度。到2020年，化肥农药使用量实现零增长。坚持种植和养殖相结合，就地就近消纳利用畜禽养殖废弃物。合理布局水产养殖空间，深入推进水产健康养殖，开展重点江河湖库及重点近岸海域破坏生态环境的养殖方式综合整治。到2020年，全国畜禽粪污综合利用率达到75%以上，规模养殖场粪污处理设施装备配套率达到95%以上。①

第三节　土壤污染治理

土壤污染是指因人为因素导致某种物质进入陆地表层土壤，引起土壤化学、物理、生物等方面特性的改变，影响土壤功能和有效利用，危害公众健康或者破坏生态环境的现象。过去一段时间里，我国土壤环境状况总体不容乐观，有的地区土壤污染较重，耕地土壤环境质量堪忧，

---

① 中共中央，国务院. 关于全面加强生态环境保护坚决打好污染防治攻坚战的意见[J]. 中华人民共和国国务院公报，2018（19）：13.

工矿业废弃地土壤环境问题较为突出。

2013 年 1 月 28 日，国务院办公厅印发了《近期土壤环境保护和综合治理工作安排》，确立了严格控制新增土壤污染、确定土壤环境保护优先区域、强化被污染土壤的环境风险控制、开展土壤污染治理与修复、提升土壤环境监管能力、加快土壤环境保护工程建设等 6 个方面的主要任务。2016 年 5 月 28 日，国务院印发了《土壤污染防治行动计划》，明确了土壤污染防治的 10 条具体措施。

1. 开展土壤污染调查，掌握土壤环境质量状况。具体内容如下。

（1）深入开展土壤环境质量调查。在现有调查基础上，以农用地和重点行业企业用地为重点，开展土壤污染状况详查。2018 年底前查明农用地土壤污染的面积、分布及其对农产品质量的影响；2020 年底前掌握重点行业企业用地中的污染地块分布及其环境风险情况。制定详查总体方案和技术规定，开展技术指导、监督检查和成果审核。建立土壤环境质量状况定期调查制度，每 10 年开展 1 次。

（2）建设土壤环境质量监测网络。统一规划、整合优化土壤环境质量监测点位。2017 年底前，完成土壤环境质量国控监测点位设置，建成国家土壤环境质量监测网络，充分发挥行业监测网作用，基本形成土壤环境监测能力。各省（区、市）每年至少开展 1 次土壤环境监测技术人员培训。各地可根据工作需要，补充设置监测点位，增加特征污染物监测项目，提高监测频次。2020 年底前，实现土壤环境质量监测点位所有县（市、区）全覆盖。

（3）提升土壤环境信息化管理水平。利用环境保护、国土资源、农业等部门数据，建立土壤环境基础数据库，构建全国土壤环境信息化管理平台，力争 2018 年底前完成。借助移动互联网、物联网等技术，拓宽数据获取渠道，实现数据动态更新。加强数据共享，编制资源共享目录，明确共享权限和方式，发挥土壤环境大数据在污染防治、城乡规划、土地利用、农业生产中的作用。①

2. 推进土壤污染防治立法，建立健全法规标准体系。具体内容如下。

（1）加快推进立法进程。配合完成土壤污染防治法起草工作，适时修订污染防治、城乡规划、土地管理、农产品质量安全法律法规，增加土壤污染防治内容。2016 年底前，完成农药管理条例修订工作，发布污染地块土壤环境管理办法、农用地土壤环境管理办法。2017 年底前，出台农药包装废弃物回收处理、工矿用地土壤环境管理、废弃农膜回收利用等部门规章。到 2020 年，土壤污染防治法律法规体系基本建立。各地可结合实际，研究制定土壤污染防治地方性法规。

（2）系统构建标准体系。健全土壤污染防治标准和技术规范，2017 年底前，发布农用地、建设用地土壤环境质量标准；完成土壤环境监测、调查评估、风险管控、治理与修复等技术规范以及环境影响评价技术导则制修订工作；修订肥料、饲料、灌溉用水中有毒有害物质限量和农用污泥中污染物控制等标准，进一步严格污染物控制要求；修订农膜标准，提高厚度要求，研究制定可降解农膜标准；修订农药包装标准，增加防止农药包装废弃物污染土壤的要求。适时修订污染物排放标准，进一步明确污染物特别排放限值要求。完善土壤中污染物分析测试方法，研制土壤环境标准样品。各地可制定严于国家标准的地方土壤环境质量标准。

（3）全面强化监管执法。一是明确监管重点。重点监测土壤中镉、汞、砷、铅、铬等重金属和多环芳烃、石油烃等有机污染物，重点监管

---

① 国务院. 土壤污染防治行动计划［J］. 中华人民共和国国务院公报，2016（17）：9-10.

有色金属矿采选、有色金属冶炼、石油开采、石油加工、化工、焦化、电镀、制革等行业，以及产粮（油）大县、地级以上城市建成区等区域。二是加大执法力度。将土壤污染防治作为环境执法的重要内容，充分利用环境监管网格，加强土壤环境日常监管执法。严厉打击非法排放有毒有害污染物、违法违规存放危险化学品、非法处置危险废物、不正常使用污染治理设施、监测数据弄虚作假等环境违法行为。开展重点行业企业专项环境执法，对严重污染土壤环境、群众反映强烈的企业进行挂牌督办。改善基层环境执法条件，配备必要的土壤污染快速检测等执法装备。对全国环境执法人员每 3 年开展 1 轮土壤污染防治专业技术培训。提高突发环境事件应急能力，完善各级环境污染事件应急预案，加强环境应急管理、技术支撑、处置救援能力建设。①

3. 实施农用地分类管理，保障农业生产环境安全。具体内容如下。

（1）划定农用地土壤环境质量类别。按污染程度将农用地划为三个类别，未污染和轻微污染的划为优先保护类，轻度和中度污染的划为安全利用类，重度污染的划为严格管控类，以耕地为重点，分别采取相应管理措施，保障农产品质量安全。2017 年底前，发布农用地土壤环境质量类别划分技术指南。以土壤污染状况详查结果为依据，开展耕地土壤和农产品协同监测与评价，在试点基础上有序推进耕地土壤环境质量类别划定，逐步建立分类清单，2020 年底前完成。划定结果由各省级人民政府审定，数据上传全国土壤环境信息化管理平台。根据土地利用变更和土壤环境质量变化情况，定期对各类别耕地面积、分布等信息进行更新。有条件的地区要逐步开展林地、草地、园地等其他农用地土壤环境质量类别划定等工作。

---

① 国务院. 土壤污染防治行动计划［J］. 中华人民共和国国务院公报，2016（17）：10-11.

（2）切实加大保护力度。一是各地要将符合条件的优先保护类耕地划为永久基本农田，实行严格保护，确保其面积不减少、土壤环境质量不下降，除法律规定的重点建设项目选址确实无法避让外，其他任何建设不得占用。产粮（油）大县要制定土壤环境保护方案。高标准农田建设项目向优先保护类耕地集中的地区倾斜。推行秸秆还田、增施有机肥、少耕免耕、粮豆轮作、农膜减量与回收利用等措施。继续开展黑土地保护利用试点。农村土地流转的受让方要履行土壤保护的责任，避免因过度施肥、滥用农药等掠夺式农业生产方式造成土壤环境质量下降。各省级人民政府要对本行政区域内优先保护类耕地面积减少或土壤环境质量下降的县（市、区），进行预警提醒并依法采取环评限批等限制性措施。二是防控企业污染。严格控制在优先保护类耕地集中区域新建有色金属冶炼、石油加工、化工、焦化、电镀、制革等行业企业，现有相关行业企业要采用新技术、新工艺，加快提标升级改造步伐。

（3）着力推进安全利用。根据土壤污染状况和农产品超标情况，安全利用类耕地集中的县（市、区）要结合当地主要作物品种和种植习惯，制定实施受污染耕地安全利用方案，采取农艺调控、替代种植等措施，降低农产品超标风险。强化农产品质量检测。加强对农民、农民合作社的技术指导和培训。2017 年底前，出台受污染耕地安全利用技术指南。到 2020 年，轻度和中度污染耕地实现安全利用的面积达到 4000 万亩。

（4）全面落实严格管控。加强对严格管控类耕地的用途管理，依法划定特定农产品禁止生产区域，严禁种植食用农产品；对威胁地下水、饮用水水源安全的，有关县（市、区）要制定环境风险管控方案，并落实有关措施。研究将严格管控类耕地纳入国家新一轮退耕还林还草实施范围，制定实施重度污染耕地种植结构调整或退耕还林还草计划。

继续在湖南长株潭地区开展重金属污染耕地修复及农作物种植结构调整试点。实行耕地轮作休耕制度试点。到 2020 年，重度污染耕地种植结构调整或退耕还林还草面积力争达到 2000 万亩。

（5）加强林地草地园地土壤环境管理。严格控制林地、草地、园地的农药使用量，禁止使用高毒、高残留农药。完善生物农药、引诱剂管理制度，加大使用推广力度。优先将重度污染的牧草地集中区域纳入禁牧休牧实施范围。加强对重度污染林地、园地产出食用农（林）产品质量检测，发现超标的，要采取种植结构调整等措施。①

4. 实施建设用地准入管理，防范人居环境风险。具体内容如下。

（1）明确管理要求。一是建立调查评估制度。2016 年底前，发布建设用地土壤环境调查评估技术规定。自 2017 年起，对拟收回土地使用权的有色金属冶炼、石油加工、化工、焦化、电镀、制革等行业企业用地，以及用途拟变更为居住和商业、学校、医疗、养老机构等公共设施的上述企业用地，由土地使用权人负责开展土壤环境状况调查评估；已经收回的，由所在地市、县级人民政府负责开展调查评估。自 2018 年起，重度污染农用地转为城镇建设用地的，由所在地市、县级人民政府负责组织开展调查评估。调查评估结果向所在地环境保护、城乡规划、国土资源部门备案。二是分用途明确管理措施。自 2017 年起，各地要结合土壤污染状况详查情况，根据建设用地土壤环境调查评估结果，逐步建立污染地块名录及其开发利用的负面清单，合理确定土地用途。符合相应规划用地土壤环境质量要求的地块，可进入用地程序。暂不开发利用或现阶段不具备治理修复条件的污染地块，由所在地县级人民政府组织划定管控区域，设立标识，发布公告，开展土壤、地表水、

① 国务院. 土壤污染防治行动计划［J］. 中华人民共和国国务院公报，2016（17）：11-12.

地下水、空气环境监测；发现污染扩散的，有关责任主体要及时采取污染物隔离、阻断等环境风险管控措施。

（2）落实监管责任。地方各级城乡规划部门要结合土壤环境质量状况，加强城乡规划论证和审批管理。地方各级国土资源部门要依据土地利用总体规划、城乡规划和地块土壤环境质量状况，加强土地征收、收回、收购以及转让、改变用途等环节的监管。地方各级环境保护部门要加强对建设用地土壤环境状况调查、风险评估和污染地块治理与修复活动的监管。建立城乡规划、国土资源、环境保护等部门间的信息沟通机制，实行联动监管。

（3）严格用地准入。将建设用地土壤环境管理要求纳入城市规划和供地管理，土地开发利用必须符合土壤环境质量要求。地方各级国土资源、城乡规划等部门在编制土地利用总体规划、城市总体规划、控制性详细规划等相关规划时，应充分考虑污染地块的环境风险，合理确定土地用途。①

5. 强化未污染土壤保护，严控新增土壤污染。具体内容如下。

（1）加强未利用地环境管理。按照科学有序原则开发利用未利用地，防止造成土壤污染。拟开发为农用地的，有关县（市、区）人民政府要组织开展土壤环境质量状况评估；不符合相应标准的，不得种植食用农产品。各地要加强纳入耕地后备资源的未利用地保护，定期开展巡查。依法严查向沙漠、滩涂、盐碱地、沼泽地等非法排污、倾倒有毒有害物质的环境违法行为。加强对矿山、油田等矿产资源开采活动影响区域内未利用地的环境监管，发现土壤污染问题的，要及时督促有关企业采取防治措施。推动盐碱地土壤改良，自 2017 年起，在新疆生产建

---

① 国务院.土壤污染防治行动计划［J］.中华人民共和国国务院公报，2016（17）：12.

设兵团等地开展利用燃煤电厂脱硫石膏改良盐碱地试点。

（2）防范建设用地新增污染。排放重点污染物的建设项目，在开展环境影响评价时，要增加对土壤环境影响的评价内容，并提出防范土壤污染的具体措施；需要建设的土壤污染防治设施，要与主体工程同时设计、同时施工、同时投产使用；有关环境保护部门要做好有关措施落实情况的监督管理工作。自 2017 年起，有关地方人民政府要与重点行业企业签订土壤污染防治责任书，明确相关措施和责任，责任书向社会公开。

（3）强化空间布局管控。加强规划区划和建设项目布局论证，根据土壤等环境承载能力，合理确定区域功能定位、空间布局。鼓励工业企业集聚发展，提高土地节约集约利用水平，减少土壤污染。严格执行相关行业企业布局选址要求，禁止在居民区、学校、医疗和养老机构等周边新建有色金属冶炼、焦化等行业企业；结合推进新型城镇化、产业结构调整和化解过剩产能等，有序搬迁或依法关闭对土壤造成严重污染的现有企业。结合区域功能定位和土壤污染防治需要，科学布局生活垃圾处理、危险废物处置、废旧资源再生利用等设施和场所，合理确定畜禽养殖布局和规模。①

6. 加强污染源监管，做好土壤污染预防工作。具体内容如下。

（1）严控工矿污染。一是加强日常环境监管。各地要根据工矿企业分布和污染排放情况，确定土壤环境重点监管企业名单，实行动态更新，并向社会公布。列入名单的企业每年要自行对其用地进行土壤环境监测，结果向社会公开。有关环境保护部门要定期对重点监管企业和工业园区周边开展监测，数据及时上传全国土壤环境信息化管理平台，结

---

① 国务院. 土壤污染防治行动计划 ［J］. 中华人民共和国国务院公报, 2016 (17):
12-13.

果作为环境执法和风险预警的重要依据。适时修订国家鼓励的有毒有害原料（产品）替代品目录。加强电器电子、汽车等工业产品中有害物质控制。有色金属冶炼、石油加工、化工、焦化、电镀、制革等行业企业拆除生产设施设备、构筑物和污染治理设施，要事先制定残留污染物清理和安全处置方案，并报所在地县级环境保护、工业和信息化部门备案；要严格按照有关规定实施安全处理处置，防范拆除活动污染土壤。2017 年底前，发布企业拆除活动污染防治技术规定。二是严防矿产资源开发污染土壤。自 2017 年起，内蒙古、江西、河南、湖北、湖南、广东、广西、四川、贵州、云南、陕西、甘肃、新疆等省（区）矿产资源开发活动集中的区域，执行重点污染物特别排放限值。全面整治历史遗留尾矿库，完善覆膜、压土、排洪、堤坝加固等隐患治理和闭库措施。有重点监管尾矿库的企业要开展环境风险评估，完善污染治理设施，储备应急物资。加强对矿产资源开发利用活动的辐射安全监管，有关企业每年要对本矿区土壤进行辐射环境监测。三是加强涉重金属行业污染防控。严格执行重金属污染物排放标准并落实相关总量控制指标，加大监督检查力度，对整改后仍不达标的企业，依法责令其停业、关闭，并将企业名单向社会公开。继续淘汰涉重金属重点行业落后产能，完善重金属相关行业准入条件，禁止新建落后产能或产能严重过剩行业的建设项目。按计划逐步淘汰普通照明白炽灯。提高铅酸蓄电池等行业落后产能淘汰标准，逐步退出落后产能。制定涉重金属重点工业行业清洁生产技术推行方案，鼓励企业采用先进适用生产工艺和技术。2020年重点行业的重点重金属排放量要比 2013 年下降 10%。四是加强工业废物处理处置。全面整治尾矿、煤矸石、工业副产石膏、粉煤灰、赤泥、冶炼渣、电石渣、铬渣、砷渣以及脱硫、脱硝、除尘产生固体废物的堆存场所，完善防扬散、防流失、防渗漏等设施，制定整治方案并有序实施。加强工业固体废物综合利用。对电子废物、废轮胎、废塑料等再生利用活动进行清理整顿，引导有关企业采用先进适用加工工艺、集聚发展，集中建设和运营污染治理设施，防止污染土壤和地下水。自2017年起，在京津冀、长三角、珠三角等地区的部分城市开展污水与污泥、废气与废渣协同治理试点。

（2）控制农业污染。一是合理使用化肥农药。鼓励农民增施有机肥，减少化肥使用量。科学施用农药，推行农作物病虫害专业化统防统治和绿色防控，推广高效低毒低残留农药和现代植保机械。加强农药包装废弃物回收处理，自2017年起，在江苏、山东、河南、海南等省份选择部分产粮（油）大县和蔬菜产业重点县开展试点；到2020年，推广到全国30%的产粮（油）大县和所有蔬菜产业重点县。推行农业清洁生产，开展农业废弃物资源化利用试点，形成一批可复制、可推广的农业面源污染防治技术模式。严禁将城镇生活垃圾、污泥、工业废物直接用作肥料。到2020年，全国主要农作物化肥、农药使用量实现零增长，利用率提高到40%以上，测土配方施肥技术推广覆盖率提高到90%以上。二是加强废弃农膜回收利用。严厉打击违法生产和销售不合格农膜的行为。建立健全废弃农膜回收贮运和综合利用网络，开展废弃农膜回收利用试点；到2020年，河北、辽宁、山东、河南、甘肃、新疆等农膜使用量较高省份力争实现废弃农膜全面回收利用。三是强化畜禽养殖污染防治。严格规范兽药、饲料添加剂的生产和使用，防止过量使用，促进源头减量。加强畜禽粪便综合利用，在部分生猪大县开展种养业有机结合、循环发展试点。鼓励支持畜禽粪便处理利用设施建设，到2020年，规模化养殖场、养殖小区配套建设废弃物处理设施比例达到75%以上。四是加强灌溉水水质管理。开展灌溉水水质监测。灌溉用水应符合农田灌溉水水质标准。对因长期使用污水灌溉导致土壤污染严重、威胁农产品质量安全的，要及时调整种植结构。

（3）减少生活污染。建立政府、社区、企业和居民协调机制，通过分类投放收集、综合循环利用，促进垃圾减量化、资源化、无害化。建立村庄保洁制度，推进农村生活垃圾治理，实施农村生活污水治理工程。整治非正规垃圾填埋场。深入实施"以奖促治"政策，扩大农村环境连片整治范围。推进水泥窑协同处置生活垃圾试点。鼓励将处理达标后的污泥用于园林绿化。开展利用建筑垃圾生产建材产品等资源化利用示范。强化废氧化汞电池、镍镉电池、铅酸蓄电池和含汞荧光灯管、温度计等含重金属废物的安全处置。减少过度包装，鼓励使用环境标志产品。①

7. 开展污染治理与修复，改善区域土壤环境质量。具体内容如下。

（1）明确治理与修复主体。按照"谁污染，谁治理"原则，造成土壤污染的单位或个人要承担治理与修复的主体责任。责任主体发生变更的，由变更后继承其债权、债务的单位或个人承担相关责任；土地使用权依法转让的，由土地使用权受让人或双方约定的责任人承担相关责任。责任主体灭失或责任主体不明确的，由所在地县级人民政府依法承担相关责任。

（2）制定治理与修复规划。各省区市要以影响农产品质量和人居环境安全的突出土壤污染问题为重点，制定土壤污染治理与修复规划，明确重点任务、责任单位和分年度实施计划，建立项目库，2017 年底前完成。规划报环境保护部备案。京津冀、长三角、珠三角地区要率先完成。

（3）有序开展治理与修复。一是确定治理与修复重点。各地要结

---

① 国务院．土壤污染防治行动计划［J］．中华人民共和国国务院公报，2016（17）：13–15.

合城市环境质量提升和发展布局调整，以拟开发建设居住、商业、学校、医疗和养老机构等项目的污染地块为重点，开展治理与修复。在江西、湖北、湖南、广东、广西、四川、贵州、云南等省份污染耕地集中区域优先组织开展治理与修复；其他省份要根据耕地土壤污染程度、环境风险及其影响范围，确定治理与修复的重点区域。到 2020 年，受污染耕地治理与修复面积达到 1000 万亩。二是强化治理与修复工程监管。治理与修复工程原则上在原址进行，并采取必要措施防止污染土壤挖掘、堆存等造成二次污染；需要转运污染土壤的，有关责任单位要将运输时间、方式、线路和污染土壤数量、去向、最终处置措施等，提前向所在地和接收地环境保护部门报告。工程施工期间，责任单位要设立公告牌，公开工程基本情况、环境影响及其防范措施；所在地环境保护部门要对各项环境保护措施落实情况进行检查。工程完工后，责任单位要委托第三方机构对治理与修复效果进行评估，结果向社会公开。实行土壤污染治理与修复终身责任制，2017 年底前，出台有关责任追究办法。

（4）监督目标任务落实。各省级环境保护部门要定期向环境保护部报告土壤污染治理与修复工作进展；环境保护部要会同有关部门进行督导检查。各省（区、市）要委托第三方机构对本行政区域各县（市、区）土壤污染治理与修复成效进行综合评估，结果向社会公开。2017年底前，出台土壤污染治理与修复成效评估办法。①

8. 加大科技研发力度，推动环境保护产业发展。具体内容如下。

（1）加强土壤污染防治研究。整合高等学校、研究机构、企业等科研资源，开展土壤环境基准、土壤环境容量与承载能力、污染物迁移转化规律、污染生态效应、重金属低积累作物和修复植物筛选，以及土

---

① 国务院. 土壤污染防治行动计划［J］. 中华人民共和国国务院公报，2016（17）：13-15.

壤污染与农产品质量、人体健康关系等方面基础研究。推进土壤污染诊断、风险管控、治理与修复等共性关键技术研究，研发先进适用装备和高效低成本功能材料（药剂），强化卫星遥感技术应用，建设一批土壤污染防治实验室、科研基地。优化整合科技计划（专项、基金等），支持土壤污染防治研究。

（2）加大适用技术推广力度。一是建立健全技术体系。综合土壤污染类型、程度和区域代表性，针对典型受污染农用地、污染地块，分批实施200个土壤污染治理与修复技术应用试点项目，2020年底前完成。根据试点情况，比选形成一批易推广、成本低、效果好的适用技术。二是加快成果转化应用。完善土壤污染防治科技成果转化机制，建成以环保为主导产业的高新技术产业开发区等一批成果转化平台。2017年底前，发布鼓励发展的土壤污染防治重大技术装备目录。开展国际合作研究与技术交流，引进消化土壤污染风险识别、土壤污染物快速检测、土壤及地下水污染阻隔等风险管控先进技术和管理经验。

（3）推动治理与修复产业发展。放开服务性监测市场，鼓励社会机构参与土壤环境监测评估等活动。通过政策推动，加快完善覆盖土壤环境调查、分析测试、风险评估、治理与修复工程设计和施工等环节的成熟产业链，形成若干综合实力雄厚的龙头企业，培育一批充满活力的中小企业。推动有条件的地区建设产业化示范基地。规范土壤污染治理与修复从业单位和人员管理，建立健全监督机制，将技术服务能力弱、运营管理水平低、综合信用差的从业单位名单通过企业信用信息公示系统向社会公开。发挥"互联网+"在土壤污染治理与修复全产业链中的作用，推进大众创业、万众创新。①

① 国务院. 土壤污染防治行动计划［J］. 中华人民共和国国务院公报，2016（17）：15-16.

9. 发挥政府主导作用，构建土壤环境治理体系。具体内容如下。

（1）强化政府主导。一是完善管理体制。按照"国家统筹、省负总责、市县落实"原则，完善土壤环境管理体制，全面落实土壤污染防治属地责任。探索建立跨行政区域土壤污染防治联动协作机制。二是加大财政投入。中央和地方各级财政加大对土壤污染防治工作的支持力度。中央财政整合重金属污染防治专项资金等，设立土壤污染防治专项资金，用于土壤环境调查与监测评估、监督管理、治理与修复等工作。各地应统筹相关财政资金，通过现有政策和资金渠道加大支持，将农业综合开发、高标准农田建设、农田水利建设、耕地保护与质量提升、测土配方施肥等涉农资金，更多用于优先保护类耕地集中的县（市、区）。有条件的省（区、市）可对优先保护类耕地面积增加的县（市、区）予以适当奖励。统筹安排专项建设基金，支持企业对涉重金属落后生产工艺和设备进行技术改造。三是完善激励政策。各地要采取有效措施，激励相关企业参与土壤污染治理与修复。研究制定扶持有机肥生产、废弃农膜综合利用、农药包装废弃物回收处理等企业的激励政策。在农药、化肥等行业，开展环保领跑者制度试点。四是建设综合防治先行区。2016 年底前，在浙江省台州市、湖北省黄石市、湖南省常德市、广东省韶关市、广西壮族自治区河池市和贵州省铜仁市启动土壤污染综合防治先行区建设，重点在土壤污染源头预防、风险管控、治理与修复、监管能力建设等方面进行探索，力争到 2020 年先行区土壤环境质量得到明显改善。有关地方人民政府要编制先行区建设方案，按程序报环境保护部、财政部备案。京津冀、长三角、珠三角等地区可因地制宜开展先行区建设。

（2）发挥市场作用。通过政府和社会资本合作（PPP）模式，发挥财政资金撬动功能，带动更多社会资本参与土壤污染防治。加大政府购买服务力度，推动受污染耕地和以政府为责任主体的污染地块治理与修复。积极发展绿色金融，发挥政策性和开发性金融机构引导作用，为重大土壤污染防治项目提供支持。鼓励符合条件的土壤污染治理与修复企业发行股票。探索通过发行债券推进土壤污染治理与修复，在土壤污染综合防治先行区开展试点。有序开展重点行业企业环境污染强制责任保险试点。

（3）加强社会监督。一是推进信息公开。根据土壤环境质量监测和调查结果，适时发布全国土壤环境状况。各省（区、市）人民政府定期公布本行政区域各地级市（州、盟）土壤环境状况。重点行业企业要依据有关规定，向社会公开其产生的污染物名称、排放方式、排放浓度、排放总量，以及污染防治设施建设和运行情况。二是引导公众参与。实行有奖举报，鼓励公众通过"12369"环保举报热线、信函、电子邮件、政府网站、微信平台等途径，对乱排废水、废气，乱倒废渣、污泥等污染土壤的环境违法行为进行监督。有条件的地方可根据需要聘请环境保护义务监督员，参与现场环境执法、土壤污染事件调查处理等。鼓励种粮大户、家庭农场、农民合作社以及民间环境保护机构参与土壤污染防治工作。三是推动公益诉讼。鼓励依法对污染土壤等环境违法行为提起公益诉讼。开展检察机关提起公益诉讼改革试点的地区，检察机关可以以公益诉讼人的身份，对污染土壤等损害社会公共利益的行为提起民事公益诉讼；也可以对负有土壤污染防治职责的行政机关，因违法行使职权或者不作为造成国家和社会公共利益受到侵害的行为提起行政公益诉讼。地方各级人民政府和有关部门应当积极配合司法机关的相关案件办理工作和检察机关的监督工作。

（4）开展宣传教育。制定土壤环境保护宣传教育工作方案。制作挂图、视频，出版科普读物，利用互联网、数字化放映平台等手段，结合世界地球日、世界环境日、世界土壤日、世界粮食日、全国土地日等主题宣传活动，普及土壤污染防治相关知识，加强法律法规政策宣传解读，营造保护土壤环境的良好社会氛围，推动形成绿色发展方式和生活方式。把土壤环境保护宣传教育融入党政机关、学校、工厂、社区、农村等的环境宣传和培训工作。鼓励支持有条件的高等学校开设土壤环境专门课程。①

10. 加强目标考核，严格责任追究。具体内容如下。

（1）明确地方政府主体责任。地方各级人民政府是实施本行动计划的主体，要于 2016 年底前分别制定并公布土壤污染防治工作方案，确定重点任务和工作目标。要加强组织领导，完善政策措施，加大资金投入，创新投融资模式，强化监督管理，抓好工作落实。各省（区、市）工作方案报国务院备案。

（2）加强部门协调联动。建立全国土壤污染防治工作协调机制，定期研究解决重大问题。各有关部门要按照职责分工，协同做好土壤污染防治工作。环境保护部要抓好统筹协调，加强督促检查，每年 2 月底前将上年度工作进展情况向国务院报告。

（3）落实企业责任。有关企业要加强内部管理，将土壤污染防治纳入环境风险防控体系，严格依法依规建设和运营污染治理设施，确保重点污染物稳定达标排放。造成土壤污染的，应承担损害评估、治理与修复的法律责任。逐步建立土壤污染治理与修复企业行业自律机制。国有企业特别是中央企业要带头落实。

（4）严格评估考核。一是实行目标责任制。2016 年底前，国务院与各省（区、市）人民政府签订土壤污染防治目标责任书，分解落实

---

① 国务院. 土壤污染防治行动计划［J］. 中华人民共和国国务院公报，2016（17）：16-18.

目标任务。分年度对各省（区、市）重点工作进展情况进行评估，2020 年对本行动计划实施情况进行考核，将评估和考核结果作为对领导班子和领导干部综合考核评价、自然资源资产离任审计的重要依据。二是将评估和考核结果作为土壤污染防治专项资金分配的重要参考依据。对年度评估结果较差或未通过考核的省（区、市），要提出限期整改意见，整改完成前，对有关地区实施建设项目环评限批；整改不到位的，要约谈有关省级人民政府及其相关部门负责人。对土壤环境问题突出、区域土壤环境质量明显下降、防治工作不力、群众反映强烈的地区，要约谈有关地市级人民政府和省级人民政府相关部门主要负责人。对失职渎职、弄虚作假的，区分情节轻重，予以诫勉、责令公开道歉、组织处理或党纪政纪处分；对构成犯罪的，要依法追究刑事责任，已经调离、提拔或者退休的，也要终身追究责任。①

2018 年 6 月 16 日，中共中央、国务院印发了《关于全面加强生态环境保护坚决打好污染防治攻坚战的意见》，强调全面实施土壤污染防治行动计划，突出重点区域、行业和污染物，有效管控农用地和城市建设用地土壤环境风险。

1. 强化土壤污染管控和修复。加强耕地土壤环境分类管理。严格管控重度污染耕地，严禁在重度污染耕地种植食用农产品。实施耕地土壤环境治理保护重大工程，开展重点地区涉重金属行业排查和整治。2018 年年底前，完成农用地土壤污染状况详查。2020 年年底前，编制完成耕地土壤环境质量分类清单。建立建设用地土壤污染风险管控和修复名录，列入名录且未完成治理修复的地块不得作为住宅、公共管理与公共服务用地。建立污染地块联动监管机制，将建设用地土壤环境管理

---

① 国务院. 土壤污染防治行动计划 [J]. 中华人民共和国国务院公报，2016（17）：18.

要求纳入用地规划和供地管理，严格控制用地准入，强化暂不开发污染地块的风险管控。2020 年年底前，完成重点行业企业用地土壤污染状况调查。严格土壤污染重点行业企业搬迁改造过程中拆除活动的环境监管。①

2. 加快推进垃圾分类处理。到 2020 年，实现所有城市和县城生活垃圾处理能力全覆盖，基本完成非正规垃圾堆放点整治；直辖市、计划单列市、省会城市和第一批分类示范城市基本建成生活垃圾分类处理系统。推进垃圾资源化利用，大力发展垃圾焚烧发电。推进农村垃圾就地分类、资源化利用和处理，建立农村有机废弃物收集、转化、利用网络体系。②

3. 强化固体废物污染防治。全面禁止洋垃圾入境，严厉打击走私，大幅减少固体废物进口种类和数量，力争 2020 年年底前基本实现固体废物零进口。开展"无废城市"试点，推动固体废物资源化利用。调查、评估重点工业行业危险废物产生、贮存、利用、处置情况。完善危险废物经营许可、转移等管理制度，建立信息化监管体系，提升危险废物处理处置能力，实施全过程监管。严厉打击危险废物非法跨界转移、倾倒等违法犯罪活动。深入推进长江经济带固体废物大排查活动。评估有毒有害化学品在生态环境中的风险状况，严格限制高风险化学品生产、使用、进出口，并逐步淘汰、替代。③

---

① 中共中央，国务院. 关于全面加强生态环境保护坚决打好污染防治攻坚战的意见 [J]. 中华人民共和国国务院公报，2018（19）：13.

② 中共中央，国务院. 关于全面加强生态环境保护坚决打好污染防治攻坚战的意见 [J]. 中华人民共和国国务院公报，2018（19）：13.

③ 中共中央，国务院. 关于全面加强生态环境保护坚决打好污染防治攻坚战的意见 [J]. 中华人民共和国国务院公报，2018（19）：13.

第九章　改善农村人居环境

改善农村人居环境是实施乡村振兴战略的重要任务，事关广大农民根本福祉，事关农民群众健康，事关美丽中国建设。为此，必须科学编制村庄规划，提升农村生活垃圾治理水平，扎实推进农村厕所革命，加快推进农村生活污水治理，提升村容村貌，建立管护长效机制。

第一节　加强村庄规划管理

2014 年 5 月 29 日，国务院办公厅发布的《关于改善农村人居环境的指导意见》强调规划先行，分类指导农村人居环境治理。（1）加快编制村庄规划。编制和完善县域村镇体系规划，根据镇、村人口变化等情况，科学论证，明确重点镇和一般镇、中心村和一般村的布局；合理确定基础设施和公共服务设施的项目与建设标准，明确不同区位、不同类型村庄人居环境改善的重点和时序。依据县域村镇体系规划，加快编制建设活动较多以及需要加强保护村庄的规划。（2）提高村庄规划可实施性。村庄规划要符合农村实际，满足农民需求，体现乡村特色。规划编制要深入实地调查，坚持问题导向，保障农民参与，并做好与土地利用总体规划等规划的衔接，防止强行拆并村庄。规划内容要明确公共项目的实施方案，提出加强村民建房质量和风貌管控的要求；充分结合发展现代农业的需要，合理区分生产生活区域，统筹安排生产性基础设施。规划成果要通俗易懂，主要项目要达到可实施的深度，相关要求可纳入村规民约。（3）合理确定整治重点。根据不同村庄人居环境现状，规划编制要兼顾中长期发展需要，分类确定整治重点，分步实施。基本生活条件尚未完善的村庄要以水电路气房等基础设施建设为重点，基本生活条件比较完善的村庄要以环境整治为重点，全面提升人居环境质量。①

2018 年 2 月 5 日，中共中央办公厅、国务院办公厅印发的《农村人居环境整治三年行动方案》强调加强村庄规划管理，"全面完成县域乡村建设规划编制或修编，与县乡土地利用总体规划、土地整治规划、村土地利用规划、农村社区建设规划等充分衔接，鼓励推行多规合一。推进实用性村庄规划编制实施，做到农房建设有规划管理、行政村有村庄整治安排、生产生活空间合理分离，优化村庄功能布局，实现村庄规划管理基本覆盖。推行政府组织领导、村委会发挥主体作用、技术单位指导的村庄规划编制机制。村庄规划的主要内容应纳入村规民约。加强乡村建设规划许可管理，建立健全违法用地和建设查处机制"②。

2021 年 12 月，中共中央办公厅、国务院办公厅印发的《农村人居环境整治提升五年行动方案（2021–2025 年）》强调坚持规划先行，突出统筹推进，"树立系统观念，先规划后建设，以县域为单位统筹推进农村人居环境整治提升各项重点任务，重点突破和综合整治、示范带

---

① 国务院办公厅. 关于改善农村人居环境的指导意见 [J]. 中华人民共和国国务院公报，2014（16）：31–32.

② 中共中央办公厅，国务院办公厅. 农村人居环境整治三年行动方案 [J]. 中华人民共和国国务院公报，2018（5）：25.

动和整体推进相结合，合理安排建设时序，实现农村人居环境整治提升与公共基础设施改善、乡村产业发展、乡风文明进步等互促互进"①。

第二节 提升垃圾治理水平

2014年5月29日，国务院办公厅发布的《关于改善农村人居环境的指导意见》强调，"建立村庄保洁制度，推行垃圾就地分类减量和资源回收利用"，"交通便利且转运距离较近的村庄，生活垃圾可按照'户分类、村收集、镇转运、县处理'的方式处理；其他村庄的生活垃圾可通过适当方式就近处理"。② 2018年2月5日，中共中央办公厅、国务院办公厅印发的《农村人居环境整治三年行动方案》指出："统筹考虑生活垃圾和农业生产废弃物利用、处理，建立健全符合农村实际、方式多样的生活垃圾收运处置体系。有条件的地区要推行适合农村特点的垃圾就地分类和资源化利用方式。开展非正规垃圾堆放点排查整治，重点整治垃圾山、垃圾围村、垃圾围坝、工业污染、'上山下乡'。"③

2021年12月，中共中央办公厅、国务院办公厅印发的《农村人居环境整治提升五年行动方案（2021-2025年）》强调，全面提升农村生活垃圾治理水平。（1）健全生活垃圾收运处置体系。根据当地实际，统筹县乡村三级设施建设和服务，完善农村生活垃圾收集、转运、处置设施和模式，因地制宜采用小型化、分散化的无害化处理方式，降低收

---

① 中共中央办公厅，国务院办公厅. 农村人居环境整治提升五年行动方案（2021-2025年）[J]. 中华人民共和国国务院公报，2021（35）：10.

② 国务院办公厅. 关于改善农村人居环境的指导意见 [J]. 中华人民共和国国务院公报，2014（16）：32.

③ 中共中央办公厅，国务院办公厅. 农村人居环境整治三年行动方案 [J]. 中华人民共和国国务院公报，2018（5）：24-25.

集、转运、处置设施建设和运行成本，构建稳定运行的长效机制，加强日常监督，不断提高运行管理水平。（2）推进农村生活垃圾分类减量与利用。推进农村生活垃圾源头分类减量，探索符合农村特点和农民习惯、简便易行的分类处理模式，减少垃圾出村处理量，有条件的地区基本实现农村可回收垃圾资源化利用、易腐烂垃圾和煤渣灰土就地就近消纳、有毒有害垃圾单独收集贮存和处置、其他垃圾无害化处理。有序开展农村生活垃圾分类与资源化利用示范县创建。协同推进农村有机生活垃圾、厕所粪污、农业生产有机废弃物资源化处理利用，以乡镇或行政村为单位建设一批区域农村有机废弃物综合处置利用设施，探索就地就近就农处理和资源化利用的路径。扩大供销合作社等农村再生资源回收利用网络服务覆盖面，积极推动再生资源回收利用网络与环卫清运网络合作融合。协同推进废旧农膜、农药肥料包装废弃物回收处理。积极探索农村建筑垃圾等就地就近消纳方式，鼓励用于村内道路、入户路、景观等建设。①

第三节　扎实推进厕所革命

2014 年 5 月 29 日，国务院办公厅发布的《关于改善农村人居环境的指导意见》强调"推动农村家庭改厕，全面完成无害化卫生厕所改造任务"②。2018 年 2 月 5 日，中共中央办公厅、国务院办公厅印发的《农村人居环境整治三年行动方案》强调开展厕所粪污治理，"合理选

---

① 中共中央办公厅，国务院办公厅．农村人居环境整治提升五年行动方案（2021-2025 年）［J］．中华人民共和国国务院公报，2021（35）：12.
② 国务院办公厅．关于改善农村人居环境的指导意见［J］．中华人民共和国国务院公报，2014（16）：32.

择改厕模式，推进厕所革命。东部地区、中西部城市近郊区以及其他环境容量较小地区村庄，加快推进户用卫生厕所建设和改造，同步实施厕所粪污治理。其他地区要按照群众接受、经济适用、维护方便、不污染公共水体的要求，普及不同水平的卫生厕所。引导农村新建住房配套建设无害化卫生厕所，人口规模较大村庄配套建设公共厕所。加强改厕与农村生活污水治理的有效衔接。鼓励各地结合实际，将厕所粪污、畜禽养殖废弃物一并处理并资源化利用"①。

2021 年 12 月，中共中央办公厅、国务院办公厅印发了《农村人居环境整治提升五年行动方案（2021-2025 年）》，强调扎实推进农村厕所革命。（1）逐步普及农村卫生厕所。新改户用厕所基本入院，有条件的地区要积极推动厕所入室，新建农房应配套设计建设卫生厕所及粪污处理设施设备。重点推动中西部地区农村户厕改造。合理规划布局农村公共厕所，加快建设乡村景区旅游厕所，落实公共厕所管护责任，强化日常卫生保洁。（2）切实提高改厕质量。科学选择改厕技术模式，宜水则水、宜旱则旱。技术模式应至少经过一个周期试点试验，成熟后再逐步推开。严格执行标准，把标准贯穿于农村改厕全过程。在水冲式厕所改造中积极推广节水型、少水型水冲设施。加快研发干旱和寒冷地区卫生厕所适用技术和产品。加强生产流通领域农村改厕产品质量监管，把好农村改厕产品采购质量关，强化施工质量监管。（3）加强厕所粪污无害化处理与资源化利用。加强农村厕所革命与生活污水治理有机衔接，因地制宜推进厕所粪污分散处理、集中处理与纳入污水管网统一处理，鼓励联户、联村、村镇一体处理。鼓励有条件的地区积极推动卫生厕所改造与生活污水治理一体化建设，暂时无法同步建设的应为后

---

① 中共中央办公厅，国务院办公厅. 农村人居环境整治三年行动方案 [J]. 中华人民共和国国务院公报，2018（5）：25.

期建设预留空间。积极推进农村厕所粪污资源化利用，统筹使用畜禽粪污资源化利用设施设备，逐步推动厕所粪污就地就农消纳、综合利用。①

第四节　加快推进污水治理

2014 年 5 月 29 日，国务院办公厅发布的《关于改善农村人居环境的指导意见》指出："离城镇较远且人口较多的村庄，可建设村级污水集中处理设施，人口较少的村庄可建设户用污水处理设施。"② 2018 年 2 月 5 日，中共中央办公厅、国务院办公厅印发的《农村人居环境整治三年行动方案》强调，梯次推进农村生活污水治理，"根据农村不同区位条件、村庄人口聚集程度、污水产生规模，因地制宜采用污染治理与资源利用相结合、工程措施与生态措施相结合、集中与分散相结合的建设模式和处理工艺。推动城镇污水管网向周边村庄延伸覆盖。积极推广低成本、低能耗、易维护、高效率的污水处理技术，鼓励采用生态处理工艺。加强生活污水源头减量和尾水回收利用。以房前屋后河塘沟渠为重点实施清淤疏浚，采取综合措施恢复水生态，逐步消除农村黑臭水体。将农村水环境治理纳入河长制、湖长制管理"③。

2021 年 12 月，中共中央办公厅、国务院办公厅印发的《农村人居

---

① 中共中央办公厅，国务院办公厅.农村人居环境整治提升五年行动方案（2021－2025 年）[J].中华人民共和国国务院公报，2021（35）：11.

② 国务院办公厅.关于改善农村人居环境的指导意见 [J].中华人民共和国国务院公报，2014（16）：32.

③ 中共中央办公厅，国务院办公厅.农村人居环境整治三年行动方案 [J].中华人民共和国国务院公报，2018（5）：25.

环境整治提升五年行动方案（2021-2025年）》强调，加快推进农村生活污水治理。（1）分区分类推进治理。优先治理京津冀、长江经济带、粤港澳大湾区、黄河流域及水质需改善控制单元等区域，重点整治水源保护区和城乡结合部、乡镇政府驻地、中心村、旅游风景区等人口居住集中区域农村生活污水。开展平原、山地、丘陵、缺水、高寒和生态环境敏感等典型地区农村生活污水治理试点，以资源化利用、可持续治理为导向，选择符合农村实际的生活污水治理技术，优先推广运行费用低、管护简便的治理技术，鼓励居住分散地区探索采用人工湿地、土壤渗滤等生态处理技术，积极推进农村生活污水资源化利用。（2）加强农村黑臭水体治理。摸清全国农村黑臭水体底数，建立治理台账，明确治理优先序。开展农村黑臭水体治理试点，以房前屋后河塘沟渠和群众反映强烈的黑臭水体为重点，采取控源截污、清淤疏浚、生态修复、水体净化等措施综合治理，基本消除较大面积黑臭水体，形成一批可复制可推广的治理模式。鼓励河长制湖长制体系向村级延伸，建立健全促进水质改善的长效运行维护机制。①

第五节　提升村容村貌

2014年5月29日，国务院办公厅发布的《关于改善农村人居环境的指导意见》强调"实施村内道路硬化工程，基本解决村民行路难问题""加强村庄公共空间整治，清理乱堆乱放，拆除私搭乱建，疏浚坑

---

① 中共中央办公厅，国务院办公厅．农村人居环境整治提升五年行动方案（2021-2025年）［J］．中华人民共和国国务院公报，2021（35）：11-12.

塘河道，推进村庄公共照明设施建设。统筹利用闲置土地、现有房屋及设施等，改造、建设村庄公共活动场所""结合水土保持等工程，保护和修复自然景观与田园景观。开展农房及院落风貌整治和村庄绿化美化，保护和修复水塘、沟渠等乡村设施。发展休闲农业、乡村旅游、文化创意等产业。制定传统村落保护发展规划，完善历史文化名村、传统村落和民居名录，建立健全保护和监管机制"①。

2018年2月5日，中共中央办公厅、国务院办公厅印发的《农村人居环境整治三年行动方案》强调提升村容村貌，"加快推进通村组道路、入户道路建设，基本解决村内道路泥泞、村民出行不便等问题。充分利用本地资源，因地制宜选择路面材料。整治公共空间和庭院环境，消除私搭乱建、乱堆乱放。大力提升农村建筑风貌，突出乡土特色和地域民族特点。加大传统村落民居和历史文化名村名镇保护力度，弘扬传统农耕文化，提升田园风光品质。推进村庄绿化，充分利用闲置土地组织开展植树造林、湿地恢复等活动，建设绿色生态村庄。完善村庄公共照明设施。深入开展城乡环境卫生整洁行动，推进卫生县城、卫生乡镇等卫生创建工作"②。

2021年12月，中共中央办公厅、国务院办公厅印发的《农村人居环境整治提升五年行动方案（2021-2025年）》强调推动村容村貌整体提升。（1）改善村庄公共环境。全面清理私搭乱建、乱堆乱放，整治残垣断壁，通过集约利用村庄内部闲置土地等方式扩大村庄公共空间。科学管控农村生产生活用火，加强农村电力线、通信线、广播电视线"三线"维护梳理工作，有条件的地方推动线路违规搭挂治理。健

---

① 国务院办公厅. 关于改善农村人居环境的指导意见 [J]. 中华人民共和国国务院公报，2014（16）：32.

② 中共中央办公厅，国务院办公厅. 农村人居环境整治三年行动方案 [J]. 中华人民共和国国务院公报，2018（5）：25.

全村庄应急管理体系，合理布局应急避难场所和防汛、消防等救灾设施设备，畅通安全通道。整治农村户外广告，规范发布内容和设置行为。关注特殊人群需求，有条件的地方开展农村无障碍环境建设。（2）推进乡村绿化美化。深入实施乡村绿化美化行动，突出保护乡村山体田园、河湖湿地、原生植被、古树名木等，因地制宜开展荒山荒地荒滩绿化，加强农田（牧场）防护林建设和修复。引导鼓励村民通过栽植果蔬、花木等开展庭院绿化，通过农村"四旁"（水旁、路旁、村旁、宅旁）植树推进村庄绿化，充分利用荒地、废弃地、边角地等开展村庄小微公园和公共绿地建设。支持条件适宜地区开展森林乡村建设，实施水系连通及水美乡村建设试点。（3）加强乡村风貌引导。大力推进村庄整治和庭院整治，编制村容村貌提升导则，优化村庄生产生活生态空间，促进村庄形态与自然环境、传统文化相得益彰。加强村庄风貌引导，突出乡土特色和地域特点，不搞千村一面，不搞大拆大建。弘扬优秀农耕文化，加强传统村落和历史文化名村名镇保护，积极推进传统村落挂牌保护，建立动态管理机制①。

第六节 建立管护长效机制

2014 年 5 月 29 日，国务院办公厅发布的《关于改善农村人居环境的指导意见》强调建立管护长效机制，"建立村庄道路、供排水、垃圾和污水处理、沼气、河道等公用设施的长效管护制度，逐步实现城乡管

---

① 中共中央办公厅，国务院办公厅．农村人居环境整治提升五年行动方案（2021-2025 年）［J］．中华人民共和国国务院公报，2021（35）：12．

理一体化。培育市场化的专业管护队伍，提高管护人员素质。加强基层管理能力建设，逐步将村镇规划建设、环境保护、河道管护等管理责任落实到人"①。

2018 年 2 月 5 日，中共中央办公厅、国务院办公厅印发的《农村人居环境整治三年行动方案》强调完善建设和管护机制，"明确地方党委和政府以及有关部门、运行管理单位责任，基本建立有制度、有标准、有队伍、有经费、有督查的村庄人居环境管护长效机制。鼓励专业化、市场化建设和运行管护，有条件的地区推行城乡垃圾污水处理统一规划、统一建设、统一运行、统一管理。推行环境治理依效付费制度，健全服务绩效评价考核机制。鼓励有条件的地区探索建立垃圾污水处理农户付费制度，完善财政补贴和农户付费合理分担机制。支持村级组织和农村'工匠'带头人等承接村内环境整治、村内道路、植树造林等小型涉农工程项目。组织开展专业化培训，把当地村民培养成为村内公益性基础设施运行维护的重要力量。简化农村人居环境整治建设项目审批和招投标程序，降低建设成本，确保工程质量"②。

2021 年 12 月，中共中央办公厅、国务院办公厅印发的《农村人居环境整治提升五年行动方案（2021-2025 年）》强调健全农村人居环境长效管护机制，"明确地方政府和职责部门、运行管理单位责任，基本建立有制度、有标准、有队伍、有经费、有监督的村庄人居环境长效管护机制。利用好公益性岗位，合理设置农村人居环境整治管护队伍，优先聘用符合条件的农村低收入人员。明确农村人居环境基础设施产权

① 国务院办公厅. 关于改善农村人居环境的指导意见［J］. 中华人民共和国国务院公报，2014（16）：33.

② 中共中央办公厅，国务院办公厅. 农村人居环境整治三年行动方案［J］. 中华人民共和国国务院公报，2018（5）：25.

归属，建立健全设施建设管护标准规范等制度，推动农村厕所、生活污水垃圾处理设施设备和村庄保洁等一体化运行管护。有条件的地区可以依法探索建立农村厕所粪污清掏、农村生活污水垃圾处理农户付费制度，以及农村人居环境基础设施运行管护社会化服务体系和服务费市场化形成机制，逐步建立农户合理付费、村级组织统筹、政府适当补助的运行管护经费保障制度，合理确定农户付费分担比例"[1]。

---

[1]　中共中央办公厅，国务院办公厅. 农村人居环境整治提升五年行动方案（2021-2025 年）[J]. 中华人民共和国国务院公报，2021（35）：13.

第十章　推进绿色城镇化发展

　　绿色城镇化发展区别于传统粗放式城镇化发展，是将绿色发展融入城镇发展，力图实现生态环境保护与城镇化水平提升相平衡的发展模式。当前中国城镇化进入高质量发展阶段，推进绿色城镇化发展是解决城镇化发展中不可持续发展问题的根本出路，是新时代实现我国绿色发展的主要抓手。具体而言，优化城镇化空间布局和形态，是实现城镇空间合理分配、资源集约高效利用的重要手段；推进新型城市建设，建设宜居、创新、智慧、绿色、人文、韧性城市，为推进绿色城镇化发展起到积极示范和引领作用；加快建筑节能与绿色建筑发展，对推进绿色城镇化发展和新农村建设具有重要战略意义；推动绿色交通发展，构建安全、便捷、高效、绿色、经济的现代化综合交通体系，为推进绿色城镇化发展提供重要支撑。

第一节　优化城镇化空间布局和形态

　　城镇化空间布局对于国家城镇的系统、协调、延续发展极为重要。生态资源是影响城镇化空间布局的主要条件。我国幅员辽阔，各地区地理环境差异性较大、特征性明显，资源分配不均匀，优化城镇化空间布局和形态意义重大。从绿色城镇化的角度看，优化城镇化空间布局和形态，是推动城镇空间合理分配的重要手段。

1. 完善城镇化空间布局。改革开放以来，我国城镇化进程发展速度较快，2021 年末全国常住人口城镇化率已达 64.72%。① 从土地资源条件的角度看，我国较适宜城镇化开发的国土面积不大，地貌以平原、盆地为主，其中大部分为承担国家主要的粮食生产任务的耕地，扣除耕地面积后可用于城镇化开发的土地更是少之又少。土地资源短缺导致我国必然走集约化的城镇化道路。从水资源条件的角度看，我国经济较为发达的城市地区人均水资源排名靠后，如北京、上海、天津等地，都存在严重的水资源短缺问题。而水资源丰富的青海、西藏、海南等地又存在可开发土地资源匮乏的问题，这增加了构建城镇化空间布局的难度。在我国 21 世纪以来的快速城市化进程中，全国各地掀起了以开发区、工业区、新城区为主的城市建设热潮。产业规模和人口数量的急剧扩大，城市用地的迅速扩张，不同地区产业分布和人口聚集的差异，都进一步对城镇化空间布局的科学性和系统性提出了要求。面对自然条件的刚性制约与现实问题的双重阻碍，构建集约高效、绿色低碳、具有中国特色的城镇化空间布局刻不容缓。

近年来，我国推进各类国土空间的统筹布局、分类开发、综合治理，制定一系列关于空间格局规划的政策文件，对城镇化空间格局作出统一部署。2010 年 12 月 21 日，国务院印发我国首个全国性国土空间开发规划《全国主体功能区规划》，强调"推进形成主体功能区，就是要根据不同区域的资源环境承载能力、现有开发强度和发展潜力，统筹谋

① 国家统计局. 中华人民共和国 2021 年国民经济和社会发展统计公报［N］. 人民日报，2022-03-01（10）.

划人口分布、经济布局、国土利用和城镇化格局，确定不同区域的主体功能，并据此明确开发方向，完善开发政策，控制开发强度，规范开发秩序，逐步形成人口、经济、资源环境相协调的国土空间开发格局"①。该《规划》提出构建城市化地区、农业地区和生态地区三大格局及优化开发、重点开发、限制开发和禁止开发等四类开发模式，根据不同区域的资源环境承载力、开发强度和发展潜力，统筹谋划人口分布、经济布局、国土利用和城镇化格局。2013 年 12 月，中央城镇化工作会议又提出我国"两横三纵"的城市化战略格局，即以陆桥通道、沿长江通道为两条横轴，以沿海、京哈京广、包昆通道为三条纵轴，以轴线上城市群和节点城市为依托，其他城镇化地区为重要组成部分，大中小城市和小城镇协调发展的"两横三纵"城镇化战略格局。2014 年 3 月 16 日，中共中央、国务院印发《国家新型城镇化规划（2014－2020年）》，提出了"城镇化格局更加优化"的发展目标，明确了"优化城镇化布局和形态"的具体部署。2017 年 1 月 3 日，国务院印发的《全国国土规划纲要（2016－2030 年）》提出促进各类城镇协调发展、分类引导城镇化发展、优化城镇空间结构、促进城乡一体化发展的新型城镇化发展任务。

2018 年 11 月 18 日，中共中央、国务院印发的《关于建立更加有效的区域协调发展新机制的意见》提出，"以'一带一路'建设、京津冀协同发展、长江经济带发展、粤港澳大湾区建设等重大战略为引领，以西部、东北、中部、东部四大板块为基础，促进区域间相互融通补充。以'一带一路'建设助推沿海、内陆、沿边地区协同开放，以国际经济合作走廊为主骨架加强重大基础设施互联互通，构建统筹国内国

---

① 全国主体功能区规划 [M]. 北京：人民出版社，2015：1-2.

际、协调国内东中西和南北方的区域发展新格局"①。2021 年 3 月 12 日发布的《国民经济和社会发展第十四个五年规划和 2035 年远景目标纲要》提出，"发展壮大城市群和都市圈，分类引导大中小城市发展方向和建设重点，形成疏密有致、分工协作、功能完善的城镇化空间格局；推动城市群一体化发展，建设现代化都市圈，优化提升超大特大城市中心城区功能，完善大中城市宜居宜业功能，推进以县城为重要载体的城镇化建设。"②

2. 提倡城镇形态多样性。新时代背景下，城镇化建设要顺应现代城镇发展新理念、新趋势，追求社会、经济、生态、人文的有机融合，强调人与自然和谐共生。在满足可持续发展要求的前提下，要提倡城镇形态多样性，全面提升城镇内在品质，因地制宜建设美丽特色小镇和特色小城镇，防止"千城一面"。

特色小镇和特色小城镇主要区别在于：特色小镇超出行政建制镇和产业园区的概念，是专注于新兴和特色产业、集中发展生产力的创新创业平台；特色小城镇遵循传统行政区划，是特色产业鲜明、具有一定人口和经济规模的建制镇。特色小镇和特色小城镇的功能、规模、布局等方面基本相同，两者相得益彰、互为支撑。特色小镇作为我国城镇化发展特定阶段的产物，对于促进区域经济转型升级、推动大中小城市和小城镇协调发展、推动城乡发展一体化至关重要。

我国小城镇的发展经历了小城镇建设、重点镇建设、特色小镇和特色小城镇建设三个阶段。1979 年 9 月 28 日，中共中央通过的《关于加快农业发展若干问题的决定》提出有计划地发展小城镇建设的政策。

---

① 中共中央，国务院. 关于建立更加有效的区域协调发展新机制的意见 [N]. 人民日报，2018-11-30 (1).

② 中华人民共和国国民经济和社会发展第十四个五年规划和 2035 年远景目标纲要 [N]. 人民日报，2021-03-13 (1).

1983 年 10 月 12 日，中共中央、国务院印发了《关于实行政社分开建立乡政府的通知》，我国开始撤销人民公社，恢复乡镇建制。从 1984 年开始，小城镇快速发展，建制镇数量快速增加，一些经济发展较好、基础设施较完善的乡镇逐步发展为小城镇，其主要目标是缩小城乡差距，增加城镇人口和提高城镇化率。但因缺乏科学合理的规划引导，在经历了一个阶段的快速发展后，小城镇布局不合理等问题在区域层面开始显现，小城镇内部逐渐面临配套设施建设不足、产业选择不当、环境污染等一系列挑战。

21 世纪，小城镇建设逐步由均衡发展向重点镇建设过渡。党的十五届五中全会通过的《中共中央关于制定国民经济和社会发展第十个五年计划的建议》提出"有重点地发展小城镇"。2004 年，我国在确定全国重点镇时，提出"力争经过五到十年的努力，建设全国重点镇成为规模适度、布局合理、功能健全、环境整洁、具有较强辐射能力的农村区域性经济文化中心"[①]。2019 年 1 月 4 日，住房和城乡建设部、国家旅游局印发《关于开展全国特色景观旅游名镇（村）示范工作的通知》，决定先建立一批中国特色景观旅游名镇（村）的示范，开启了旅游发展导向型村镇建设的新阶段，为后续向特色小镇转型发展做准备。

进入新时代，随着生态文明建设重要部署和国家新型城镇化规划的落地实施，推进绿色城镇化、提倡城镇形态多样性、建设特色小镇的工作也全面铺开，一系列惠及小城镇发展的国家政策陆续出台。2016 年 3 月 16 日，第十二届全国人民代表大会第四次会议审议通过的《国民经济和社会发展第十三个五年规划纲要》明确"发展具有特色资源、区位优势、文化底蕴的小城镇，通过扩权增能、加大投入和扶持力度，培

---

① 赵海娟，张倪. 全国重点镇调整 产业布局是小城镇建设关键 [N]. 中国经济时报，2013-08-19 (9).

育成为休闲旅游、商贸物流、信息产业、智能制造、科技教育、民俗文化传承等专业特色镇"① 是新型城镇化建设的重大工程之一。2016 年10 月 8 日，国家发展改革委发布了《关于加快美丽特色小（城）镇建设的指导意见》，提出要发展聚焦特色产业和新兴产业的特色小镇；10 月 13 日，住房和城乡建设部公布第一批特色小镇名单。2017 年 12 月 4 日，国家发展改革委等 4 部门联合印发的《关于规范推进特色小镇和特色小城镇建设的若干意见》强调，区别和规范特色小镇和特色小城镇的概念、内涵，注重打造鲜明特色产业。2018 年 8 月 30 日，国家发展改革委办公厅印发《关于建立特色小镇和特色小城镇高质量发展机制的通知》，提出加快建立特色小镇和特色小城镇高质量发展机制。2020 年 9 月 25 日，国务院办公厅转发的《国家发展改革委关于促进特色小镇规范健康发展意见的通知》提出准确把握发展定位、聚力发展主导产业等主要任务。2021 年 9 月 27 日，国家发展改革委等 10 部委联合印发《全国特色小镇规范健康发展导则》，为特色小镇的建设提出了具有普适性、可操作性的基本指引。

3. 推动城乡绿色发展一体化。城镇发展不能忽略其给乡村经济、社会、文化带来的巨大影响力，小城镇日益成为乡村振兴的主要载体和发展平台，推进绿色城镇化必须促进城乡融合发展，推动城乡绿色发展一体化。

2021 年 10 月，中共中央办公厅、国务院办公厅印发《关于推动城乡建设绿色发展的意见》，提出推动城乡建设绿色发展的总体目标：到2025 年，城乡建设绿色发展体制机制和政策体系基本建立，建设方式绿色转型成效显著，碳减排扎实推进，城市整体性、系统性、生长性增

---

① 中华人民共和国国民经济和社会发展第十三个五年规划纲要［M］. 北京：人民出版社，2016：88.

强，"城市病"问题缓解，城乡生态环境质量整体改善，城乡发展质量和资源环境承载能力明显提升，综合治理能力显著提高，绿色生活方式普遍推广；到 2035 年，城乡建设全面实现绿色发展，碳减排水平快速提升，城市和乡村品质全面提升，人居环境更加美好，城乡建设领域治理体系和治理能力基本实现现代化，美丽中国建设目标基本实现。[①] 该《意见》强调推进城乡建设一体化发展，即促进区域和城市群绿色发展，建设人与自然和谐共生的美丽城市，打造绿色生态宜居的美丽乡村；转变城乡建设发展方式，即建设高品质绿色建筑，提高城乡基础设施体系化水平，加强城乡历史文化保护传承，实现工程建设全过程绿色建造，推动形成绿色生活方式；创新工作方法，即统筹城乡规划建设管理，建立城市体检评估制度，加大科技创新力度，推动城市智慧化建设，推动美好环境共建共治共享。

第二节　推进新型城市建设

城市是一个由多种复杂系统组成的综合有机体，在一定地域内承担着多种职责。推进绿色城镇化发展须全盘考虑，既要做好城市生态环境的保护，也要注重城市历史文脉的保护和延续，还要努力提升城市的宜居性、安全性与便利性。新型城市建设旨在顺应城市发展新理念新趋势，建设宜居、创新、智慧、绿色、人文、韧性城市，这与绿色城镇化的发展目标高度契合。建设新型城市能够有效提高城市规划管理建设水平，解决城市空间功能布局品质低的问题，有利于补齐城市功能短板，

[①] 中共中央办公厅，国务院办公厅. 关于推动城乡建设绿色发展的意见 [J]. 中华人民共和国国务院公报，2021（31）：44.

实现生态文明建设与文化传承、科技创新的融合发展，为推进绿色城镇化发展起到积极示范和引领作用。

2014 年 3 月 16 日，中共中央、国务院印发的《国家新型城镇化规划（2014-2020 年）》首次明确新型城市的三大形态，即绿色城市、智慧城市和人文城市。这三种新型城市形态分别体现了绿色低碳、高效有序和人文传承的城市发展理念，集中体现了以人民为中心的发展理念。2016 年 2 月 6 日，中共中央、国务院印发的《关于进一步加强城市规划建设管理工作的若干意见》提出要强化城市规划工作，塑造城市特色风貌，提升城市建设水平，推动节能城市建设，完善城市公共服务，营造城市宜居环境，创新城市治理方式，并把国家的建筑方针从过去的"适用、经济、美观"修改为"适用、经济、绿色、美观"的八字方针。[①] 2016 年 3 月 16 日，第十二届全国人民代表大会第四次会议审议通过的《国民经济和社会发展第十三个五年规划纲要》把新型城市的范围扩展为绿色城市、智慧城市、创新城市、人文城市、紧凑城市等 5 种类型。此后，许多省市积极开展试点示范，因地制宜、因时制宜开展具有地域特色的新型城市建设。2021 年 3 月 11 日，第十三届全国人民代表大会第四次会议审议通过的《国民经济和社会发展第十四个五年规划和 2035 年远景目标纲要》再次强调"建设宜居、创新、智慧、绿色、人文、韧性城市"[②]。这是国家对新型城市建设主要目标作出更加符合时代发展的战略性判断，也是国家站在满足人民美好生活需要的角度对城市建设进行多层次、系统性的战略思考。

1. 绿色城市建设。改革开放后，我国历经多次探索，推进多种模

---

① 中共中央，国务院 . 关于进一步加强城市规划建设管理工作的若干意见［N］. 人民日报，2016-02-22（6）.

② 中华人民共和国国民经济和社会发展第十四个五年规划和 2035 年远景目标纲要［N］. 人民日报，2021-03-13（1）.

式，开展多项具有绿色城市特征的试点和实践。

1980年3月5日，中共中央、国务院印发的《关于大力开展植树造林的指示》提出，"加速城市绿化建设，发动群众大力种树、种草、种花，管理好园林绿地，美化市容"①。1989年3月7日，国务院印发了《关于加强爱国卫生工作的决定》；同年，全国开展"国家卫生城市"建设运动。1992年，建设部又在全国开展了创建"国家园林城市"活动。1997年1月4日，国家环境保护总局办公厅印发了《关于开展创建国家环境保护模范城市活动的通知》，决定在全国开展创建环境保护模范城市的活动。2001年5月31日，国务院颁布的《关于加强城市绿化建设的通知》明确了加快城市绿化建设的具体措施。2004年6月15日，建设部印发了《创建"生态园林城市"实施意见的通知》，明确了创建"生态园林城市"的基本内涵、重大意义、指导原则和评估办法。2007年6月7日，建设部印发了《关于公布国家生态园林城市试点城市的通知》，要求国家生态园林试点城市详细制定试点工作方案和工作措施。2010年7月19日，国家发展改革委发布的《关于开展低碳省区和低碳城市试点工作的通知》提出，组织开展低碳省区和低碳城市试点工作。

2015年，国务院部署"海绵城市"建设指导工作。2016年，国家林业局发布《关于着力开展森林城市建设的指导意见》。2018年，习近平总书记提出建设"公园城市"发展理念。2018年12月29日，国务院办公厅印发的《"无废城市"建设试点工作方案》强调，通过试点统筹经济社会发展中的固体废物管理，大力推进源头减量、资源化利用和无害化处置，坚决遏制非法转移倾倒，探索建立量化指标体系，系统总结

---

① 中共中央，国务院. 关于大力开展植树造林的指示［J］. 中华人民共和国国务院公报，1980（3）：73-78.

试点经验，形成可复制、可推广的建设模式。① 2022 年 11 月 30 日，住房和城乡建设部召开全国绿色城市建设发展试点工作会议，介绍了青岛绿色城市建设发展主要做法和成效，通报了其绿色城市建设发展试点中期评估情况；中国城市规划设计研究院从绿色金融、绿色生态、绿色建造、绿色生活四个维度，对试点工作的路径做法以及成效经验进行了专业权威的解读。青岛作为全国首个绿色城市建设发展试点，在绿色金融、海绵城市、能耗双控、建筑节能改造等方面形成了 15 条可复制可推广的经验。②

我国把生态文明建设融入城镇化发展，在城镇化规划中持续强调绿色城市建设的重要性，落实绿色城市建设的具体任务。2014 年 3 月 16 日，中共中央、国务院印发的《国家新型城镇化规划（2014－2020 年）》强调加快绿色城市建设，即将生态文明理念全面融入城市发展，构建绿色生产方式、生活方式和消费模式；严格控制高耗能、高排放行业发展；节约集约利用土地、水和能源等资源，促进资源循环利用，控制总量，提高效率；加快建设可再生能源体系，推动分布式太阳能、风能、生物质能、地热能多元化、规模化应用，提高新能源和可再生能源利用比例；实施绿色建筑行动计划，完善绿色建筑标准及认证体系、扩大强制执行范围，加快既有建筑节能改造，大力发展绿色建材，强力推进建筑工业化；合理控制机动车保有量，加快新能源汽车推广应用，改善步行、自行车出行条件，倡导绿色出行；实施大气污染防治行动计划，开展区域联防联控联治，改善城市空气质量；完善废旧商品回收体系和垃圾分类处理系统，加强城市固体废弃物循环利用和无害化处置；

---

① 国务院办公厅.“无废城市”建设试点工作方案 [J]. 中华人民共和国国务院公报，2019（04）：5-11.
② 李毅，刘洪洲. 全国绿色城市建设发展试点工作会召开 [N]. 中国建设报，2022-12-02（1）.

合理划定生态保护红线，扩大城市生态空间，增加森林、湖泊、湿地面积，将农村废弃地、其他污染土地、工矿用地转化为生态用地，在城镇化地区合理建设绿色生态廊道。①

2022年6月21日，国家发展改革委印发的《"十四五"新型城镇化实施方案》提出"加强生态修复和环境保护"，即坚持山水林田湖草沙一体化保护和系统治理，落实生态保护红线、环境质量底线、资源利用上线和生态环境准入清单要求，提升生态系统质量和稳定性；建设生态缓冲带，保留生态安全距离；持续开展国土绿化，因地制宜建设城市绿色廊道，打造街心绿地、湿地和郊野公园，提高城市生态系统服务功能和自维持能力；加强河道、湖泊、滨海地带等城市湿地生态和水环境修护，强化河流互济、促进水系连通、提高水网密度，加强城镇饮用水水源地保护和地下水超采综合治理；推进城市节水，提高用水效率和效益；基本消除劣V类国控断面和城市黑臭水体；推进生活污水治理厂网配套、泥水并重，推广污泥集中焚烧无害化处理，推进污水污泥资源化利用；地级及以上城市因地制宜基本建立分类投放、收集、运输、处理的生活垃圾分类和处理系统，到2025年城镇生活垃圾焚烧处理能力达到80万吨/日左右；健全危险废弃物和医疗废弃物集中处理设施、大宗固体废弃物综合利用体系；加强城市大气质量达标管理，推进细颗粒物（$PM_{2.5}$）和臭氧（O_3）协同控制；加强塑料污染、环境噪声污染和扬尘污染治理。②

2. 智慧城市建设。新型智慧城市是现代信息社会条件下适应我国国情的智慧城市概念中国化表述，是城市为提升生产、生活、治理方式

---

① 中共中央，国务院. 国家新型城镇化规划（2014-2020年）[J]. 中华人民共和国国务院公报，2014（9）：18.
② 国家发展改革委. "十四五"新型城镇化实施方案 [EB/OL]. 国家发展和改革委员会网站，2022-07-28.

智慧化而开展的系统化改革创新工程，是落实国家新型城镇化发展战略、提升人民群众幸福感和满意度、促进城市发展方式转型升级的系统工程。

2012年11月22日，住房和城乡建设部印发了《关于开展国家智慧城市试点工作的通知》，开始部署推进智慧城市试点建设。2014年3月16日，中共中央、国务院印发的《国家新型城镇化规划（2014—2020年）》强调推进智慧城市建设，即统筹城市发展的物质资源、信息资源和智力资源利用，推动物联网、云计算、大数据等新一代信息技术创新应用，实现与城市经济社会发展深度融合；强化信息网络、数据中心等信息基础设施建设；促进跨部门、跨行业、跨地区的政务信息共享和业务协同，强化信息资源社会化开发利用，推广智慧化信息应用和新型信息服务，促进城市规划管理信息化、基础设施智能化、公共服务便捷化、产业发展现代化、社会治理精细化；增强城市要害信息系统和关键信息资源的安全保障能力。① 2014年8月27日，国家发展改革委等8部门联合发布《关于促进智慧城市健康发展的指导意见》，这是经国务院批准，全面指导我国智慧城市建设的第一份系统性文件。2021年3月11日，第十三届全国人民代表大会第四次会议审议通过的《国民经济和社会发展第十四个五年规划和2035年远景目标纲要》提出，要"加快数字化发展，建设数字中国"和以数字化"推进新型智慧城市建设"。②

2022年6月21日，国家发展改革委印发的《"十四五"新型城镇化实施方案》明确推进新型智慧城市建设的主要任务，即推进第五代

---

① 中共中央，国务院.国家新型城镇化规划（2014—2020年）[J].中华人民共和国国务院公报，2014（9）：18.

② 中华人民共和国国民经济和社会发展第十四个五年规划和2035年远景目标纲要[N].人民日报，2021-03-13（1）.

移动通信网络规模化部署和基站建设，确保覆盖所有城市及县城，显著提高用户普及率，扩大千兆光网覆盖范围；推行城市数据一网通用，建设国土空间基础信息平台，因地制宜部署"城市数据大脑"建设，促进行业部门间数据共享、构建数据资源体系，增强城市运行管理、决策辅助和应急处置能力；推行城市运行一网统管，探索建设"数字孪生城市"，推进市政公用设施及建筑等物联网应用、智能化改造，部署智能交通、智能电网、智能水务等感知终端；依托全国一体化政务服务平台，推行政务服务一网通办，提供市场监管、税务、证照证明、行政许可等线上办事便利；推行公共服务一网通享，促进学校、医院、养老院、图书馆等公共服务机构资源数字化，提供全方位即时性的线上公共服务；丰富数字技术应用场景，发展远程办公、远程教育、远程医疗、智慧出行、智慧街区、智慧社区、智慧楼宇、智慧商圈、智慧安防和智慧应急。①

3. 人文城市建设。文化是城市软实力的根本，是城市发展的重要动力机制。文化建设无疑是推进城镇化建设的重中之重，城市文化建设直接影响城市软实力的提升，影响城市文化的质量提升和内容转型，影响城市文化输出和城市影响力的提升。发展人文城市建设，可以在丰富人民精神文化生活的同时，增强中华文化影响力和中华民族凝聚力。人文城市遵循"以人为本"的理念，使人民共享城市发展的物质成果和文化成就。人文城市自始至终都是国家新型城镇化的重要抓手，是新型城市建设的发展目标之一。

2014 年 3 月 16 日，中共中央、国务院印发的《国家新型城镇化规划（2014-2020 年）》强调注重人文城市建设，即发掘城市文化资源，

---

① 国家发展改革委."十四五"新型城镇化实施方案［EB/OL］.国家发展和改革委员会网站，2022-07-28.

强化文化传承创新，把城市建设成为历史底蕴厚重、时代特色鲜明的人文魅力空间；注重在旧城改造中保护历史文化遗产、民族文化风格和传统风貌，促进功能提升与文化文物保护相结合；注重在新城新区建设中融入传统文化元素，与原有城市自然人文特征相协调；加强历史文化名城名镇、历史文化街区、民族风情小镇文化资源挖掘和文化生态的整体保护，传承和弘扬优秀传统文化，推动地方特色文化发展，保存城市文化记忆；培育和践行社会主义核心价值观，加快完善文化管理体制和文化生产经营机制，建立健全现代公共文化服务体系、现代文化市场体系；鼓励城市文化多样化发展，促进传统文化与现代文化、本土文化与外来文化交融，形成多元开放的现代城市文化。[①]

2022 年 6 月 21 日，国家发展改革委印发的《"十四五"新型城镇化实施方案》明确了推动历史文化传承和人文城市建设的主要任务，即保护延续城市历史文脉，保护历史文化名城名镇和历史文化街区的历史肌理、空间尺度、景观环境，严禁侵占风景名胜区内土地；推进长城、大运河、长征、黄河等国家文化公园建设，加强革命文物、红色遗址、世界文化遗产、文物保护单位、考古遗址公园保护；推动非物质文化遗产融入城市规划建设，鼓励城市建筑设计传承创新；推动文化旅游融合发展，发展红色旅游、文化遗产旅游和旅游演艺；根据需要完善公共图书馆等文化场馆功能，建设智慧广电平台和融媒体中心，完善应急广播体系；加强全民健身场地设施建设，有序建设体育公园，促进学校体育场馆开放。[②]

---

① 中共中央，国务院. 国家新型城镇化规划［J］. 中华人民共和国国务院公报，2014
（9）：18-19.

② 国家发展改革委."十四五"新型城镇化实施方案［EB/OL］. 国家发展和改革委员
会网站，2022-07-28.

第三节　加快建筑节能与绿色建筑发展

　　绿色建筑是在建筑的全寿命期内最大限度地节约资源、保护环境和减少污染，为人们提供健康、适用和高效使用空间的建筑。加快建筑节能与绿色建筑发展是创新驱动增强经济发展新动能的着力点，对于建设节能低碳、绿色生态、集约高效的建筑用能体系、推动住房城乡建设领域供给侧结构性改革、实现建筑领域绿色发展具有重要的现实意义和深远的战略意义。推进建筑节能与绿色建筑发展，是落实国家能源生产和消费革命战略的客观要求，是加快生态文明建设、走新型城镇化道路的重要体现，是推进节能减排和应对气候变化的有效手段。

　　建筑行业是实现碳中和目标的关键领域，若缺乏有效手段限制建筑过程的高能耗和高碳排放，将严重制约如期实现碳达峰、碳中和战略目标。2012 年 8 月 6 日，国务院印发的《节能减排"十二五"规划》提出开展绿色建筑行动，全面推进建筑节能，提高建筑能效水平。2013 年 1 月 1 日，国务院办公厅转发了国家发展改革委、住房和城乡建设部制定的《绿色建筑行动方案》，强调切实转变城乡建设模式和建筑业发展方式，严格落实新建建筑强制性节能标准，大力推进既有建筑节能改造。2017 年 3 月 1 日，住房和城乡建设部发布的《建筑节能与绿色建筑发展"十三五"规划》强调落实国家能源生产和消费革命战略，实现可再生能源建筑应用规模逐步扩大，农村建筑节能实现新突破。2020 年 7 月 15 日，住房和城乡建设部、国家发展改革委等 7 部门联合印发《绿色建筑创建行动方案》，明确了以城镇建筑作为创建对象制定绿色建筑创建行动的具体目标和重点任务。2021 年 5 月 25 日，住房和城乡建设部等 15 部门联合印发的《关于加强县城绿色低碳建设的意见》强调推动县城绿色低碳建设，大力发展县城绿色建筑和建筑节能。

2021 年 12 月 23 日，中国建筑节能协会、重庆大学联合发布的《2021 中国建筑能耗与碳排放研究报告：省级建筑碳达峰形势评估》显示：2019 年，我国建筑全过程能耗总量为 22.33 亿吨标准煤；建筑全过程碳排放总量为 49.97 亿吨二氧化碳，占全国碳排放的比重为 49.97%。[1] 这说明降低建筑全过程能耗总量和建筑全过程碳排放总量任重道远。2022 年 3 月 1 日，住房和城乡建设部印发了《"十四五"建筑节能与绿色建筑发展规划》，明确了建筑节能与绿色建筑发展的重点任务。

1. 提升绿色建筑发展质量。加强高品质绿色建筑建设，完善绿色建筑运行管理制度。开展绿色建筑创建行动，到 2025 年，城镇新建建筑全面执行绿色建筑标准，建成一批高质量绿色建筑项目，人民群众体验感、获得感明显增强。开展星级绿色建筑推广计划。采取"强制+自愿"推广模式，适当提高政府投资公益性建筑、大型公共建筑以及重点功能区内新建建筑中星级绿色建筑建设比例。引导地方制定绿色金融、容积率奖励、优先评奖等政策，支持星级绿色建筑发展。

2. 提高新建建筑节能水平。重点推广超低能耗建筑推广工程，到 2025 年，建设超低能耗、近零能耗建筑示范项目 0.5 亿平方米以上。开展高性能门窗推广工程，根据我国门窗技术现状、技术发展方向，提出不同气候地区门窗节能性能提升目标，推动高性能门窗应用；因地制宜增设遮阳设施，提升遮阳设施安全性、适用性、耐久性。

3. 加强既有建筑节能绿色改造。开展既有居住建筑节能改造，力争到 2025 年，全国完成既有居住建筑节能改造面积超过 1 亿平方米。

---

① 张金梦. 近零能耗建筑备受期待［N］. 中国能源报，2022-01-10（19）.

推进公共建筑能效提升重点城市建设，"十四五"期间，累计完成既有公共建筑节能改造 2.5 亿平方米以上。

4. 推动可再生能源应用。开展建筑光伏行动，"十四五"期间，累计新增建筑太阳能光伏装机容量 0.5 亿千瓦，逐步完善太阳能光伏建筑应用政策体系、标准体系、技术体系。

5. 实施建筑电气化工程。开展建筑用能电力替代行动，到 2025 年，建筑用能中电力消费比例超过 55%。推进新型建筑电力系统建设，"十四五"期间积极开展新型建筑电力系统建设试点，逐步完善相关政策、技术、标准以及产业生态。

6. 推广新型绿色建造方式。建立"1+3"标准化设计和生产体系，重点解决如何采用标准化部品部件进行集成设计，指导生产单位开展标准化批量生产，逐步降低生产成本，推进新型建筑工业化可持续发展。

7. 促进绿色建材推广应用。加大绿色建材产品和关键技术研发投入，政府投资工程率先采用绿色建材，优先选材提升建筑健康性能等。

8. 推进区域建筑能源协同。以城市新区、功能园区、校园园区等各类园区及公共建筑群为对象，推广区域建筑虚拟电厂建设试点，提高建筑用电效率，降低用电成本。

9. 推动绿色城市建设。开展绿色低碳城市建设，树立建筑绿色低碳发展标杆。在对城市建筑能源资源消耗、碳排放现状充分摸底评估基础上，结合建筑节能与绿色建筑工作情况，制定绿色低碳城市建设实施方案和绿色建筑专项规划，明确绿色低碳城市发展目标和主要任务，确定新建民用建筑的绿色建筑等级及布局要求。推动开展绿色低碳城区建设，实现高星级绿色建筑规模化发展，推动超低能耗建筑、零碳建筑、既有建筑节能及绿色化改造、可再生能源建筑应用、装配式建筑、区域建筑能效提升等项目落地实施，全面提升建筑节能与绿色建筑发展水平。①

第四节 推动绿色交通发展

构建绿色交通体系的核心在于提高交通运输的能源效率，从而缓解交通拥挤，改善交通运输的能源结构并降低环境污染，优化交通运输的发展方式并节省交通设施建设维护费用，最终实现交通行业的可持续发展。构建绿色交通体系是建设生态文明和建设交通强国的必由之路，是我国坚持新发展理念和推动高质量发展的有力举措。

2017年11月27日，交通运输部印发了《全面深入推进绿色交通发展的意见》，强调全方位、全地域、全过程推进交通运输生态文明建设，全面提升交通基础设施、运输装备和运输组织的绿色水平。2019年5月20日，交通运输部等12个部门联合印发的《绿色出行行动计划》强调进一步提高城市绿色出行水平，增强公众绿色出行意识。2020年10月17日，交通运输部印发了《关于推进交通运输治理体系和治理能力现代化若干问题的意见》，该《意见》围绕行业体制机制改革、制度体系完善、政策手段创新、发展模式变革等内容提出了14个方面42项重点任务。

2020年12月，国务院新闻办公室发表了《中国交通的可持续发展》白皮书。白皮书指出：我国交通行业全面推进节能减排和低碳发

---

① 辛雯. "十四五"建筑节能与绿色建筑发展规划出台 [EB/OL]. 中国政府网，2022-03-17).

展，严格实施能源消费总量和强度双控制度，着力提升交通运输综合效能，全国铁路电气化比例达到 71.9%，新能源公交车超过 40 万辆，新能源货车超过 43 万辆，天然气运营车辆超过 18 万辆，液化天然气动力船舶建成 290 余艘，机场新能源车辆设备占比约 14%，飞机辅助动力装置替代设施全面使用，邮政快递车辆中新能源和清洁能源车辆的保有量及在重点区域的使用比例稳步提升；全国 942 处高速公路服务区（停车区）内建成运营充电桩超过 7400 个，港口岸电设施建成 5800 多套，覆盖泊位 7200 余个，沿江沿海主要港口集装箱码头全面完成"油改电"；绿色交通省（城市）、绿色公路、绿色港口等示范工程，年节能量超过 63 万吨标准煤；通过中央车购税资金，支持建设综合客运枢纽、货运枢纽、疏港铁路，统筹推进公铁联运、海铁联运等多式联运发展，推进运输结构调整。①

2021 年 10 月 29 日，交通运输部印发了《绿色交通"十四五"发展规划》，明确了"十四五"时期我国绿色交通发展的发展目标、主要任务、专项行动、保障措施等问题。

1. 绿色交通发展的总体目标。到 2025 年，交通运输领域绿色低碳生产方式初步形成，基本实现基础设施环境友好、运输装备清洁低碳、运输组织集约高效，重点领域取得突破性进展，绿色发展水平总体适应交通强国建设阶段性要求。（1）生态保护取得显著成效，交通基础设施与生态环境协调发展水平进一步提升，全生命周期资源消耗水平有效降低。（2）营运车辆及船舶能耗和碳排放强度进一步下降，新能源和清洁能源应用比例显著提升。（3）交通运输污染防治取得新成效，营运车船污染物排放强度不断降低，排放总量进一步下降。（4）客货运

---

① 中华人民共和国国务院新闻办公室. 中国交通的可持续发展 [N]. 人民日报，2020-12-23（10）.

输结构更趋合理，运输组织效率进一步提升，绿色出行体系初步形成。（5）绿色交通推进手段进一步丰富，行业绿色发展法规制度标准体系逐步完善，科技支撑能力进一步提高，绿色交通监管能力明显提升。①

2. 绿色交通发展的主要任务。主要包括以下几个方面。（1）优化空间布局，建设绿色交通基础设施。优化交通基础设施空间布局，深化绿色公路建设，深入推进绿色港口和绿色航道建设，推进交通资源循环利用。（2）优化交通运输结构，提升综合运输能效。持续优化调整运输结构，提高运输组织效率，加快构建绿色出行体系。（3）推广应用新能源，构建低碳交通运输体系。加快新能源和清洁能源运输装备推广应用，促进岸电设施常态化使用。（4）坚持标本兼治，推进交通污染深度治理。持续加强船舶污染防治，进一步提升港口污染治理水平，深入推进在用车辆污染治理。（5）坚持创新驱动，强化绿色交通科技支撑。推进绿色交通科技创新，加快节能环保关键技术推广应用，健全绿色交通标准规范体系。（6）健全推进机制，完善绿色交通监管体系。完善绿色发展推进机制，强化绿色交通评估和监管。（7）完善合作机制，深化国际交流与合作。深度参与交通运输全球环境治理，加强绿色交通国际交流与合作。②

3. 绿色交通发展的专项行动。（1）绿色交通基础设施建设行动，推动绿色公路建设、公路路面材料循环利用、工业固废和隧道弃渣循环利用。（2）优化调整运输结构行动，深入推进京津冀及周边地区、晋陕蒙煤炭主产区运输绿色低碳转型，加快推进长三角地区、粤港澳大湾区铁水联运发展。（3）绿色出行创建行动，重点创建100个左右绿色

---

① 交通运输部. 绿色交通"十四五"发展规划［EB/OL］. 交通运输部网站，2022-01-21.

② 交通运输部. 绿色交通"十四五"发展规划［EB/OL］. 交通运输部网站，2022-10-21.

出行城市。(4)新能源推广应用行动，实施电动货车和氢燃料电池车辆推广行动、城市绿色货运配送示范工程、岸电推广应用行动、近零碳枢纽场站建设行动。①

4. 绿色交通发展的保障措施。主要包括以下几个方面。(1)加强组织领导。各级交通运输主管部门要高度重视，把交通运输绿色发展摆在突出位置，进一步明确本区域绿色交通发展目标、重点任务和责任分工，确保各项工作落实到位。加强与有关部门沟通协调，推动建立跨部门协调机制，协同推进绿色交通相关工作。鼓励各级交通运输主管部门建立健全绿色交通评估与监管机制，强化绿色交通监督检查。(2)创新支持政策。建立以国家和地方政府资金为引导、企业资金为主体的绿色交通发展建设投入机制。统筹利用中央现有财政资金渠道，引导绿色交通发展，加大地方各级财政资金支持力度。积极争取国家绿色发展基金、国家低碳转型基金等资金支持，推动研究绿色金融支持交通运输绿色发展相关政策。优化公路工程建设概预算编制、施工招投标管理等规定，促进各项节能环保要求得到落实。充分发挥市场机制作用，积极推行合同能源、环境污染第三方治理等管理模式。强化交通运输企业节能环保主体责任，鼓励企业主动加大绿色发展资金投入。(3)加大宣贯培训。持续开展绿色交通宣传教育，引导全行业提升生态文明理念，形成全社会共同关心、支持和参与交通运输绿色发展的合力。结合世界环境日、节能宣传周、科技活动周、绿色出行宣传月和公交出行宣传周等开展绿色交通宣传。针对各级交通运输主管部门和从业人员，组织开展绿色交通相关培训，提高绿色交通工作能力和水平。②

---

① 交通运输部. 绿色交通"十四五"发展规划 [EB/OL]. 交通运输部网站，2022-10-21.

② 交通运输部. 绿色交通"十四五"发展规划 [EB/OL]. 交通运输部网站，2022-10-21.

参考文献

[1]马克思恩格斯选集(第一卷)[M].北京：人民出版社，2012.

[2]马克思恩格斯选集(第二卷)[M].北京：人民出版社，2012.

[3]马克思恩格斯选集(第三卷)[M].北京：人民出版社，2012.

[4]马克思恩格斯选集(第四卷)[M].北京：人民出版社，2012.

[5]毛泽东选集(第一卷)[M].北京：人民出版社，1991.

[6]毛泽东文集(第六卷)[M].北京：中央文献出版社，1999.

[7]毛泽东文集(第七卷)[M].北京：中央文献出版社，1999.

[8]毛泽东文集(第八卷)[M].北京：中央文献出版社，1999.

[9]邓小平文选(第二卷)[M].北京：人民出版社，1994.

[10]邓小平文选(第三卷)[M].北京：人民出版社，1993.

[11]江泽民文选(第一卷)[M].北京：人民出版社，2006.

[12]江泽民文选(第二卷)[M].北京：人民出版社，2006.

[13]江泽民文选(第三卷)[M].北京：人民出版社，2006.

[14]胡锦涛文选(第一卷)[M].北京：人民出版社，2016.

[15]胡锦涛文选(第二卷)[M].北京：人民出版社，2016.

[16]胡锦涛文选(第三卷)[M].北京：人民出版社，2016.

[17]习近平.干在实处 走在前列——推进浙江新发展的思考与实践[M].北京：中共中央党校出版社，2006.

[18]习近平.之江新语[M].杭州：浙江人民出版社，2007.

[19]习近平.论坚持推动构建人类命运共同体[M].北京：中央文

献出版社，2018.

[20]习近平.论坚持党对一切工作的领导[M].北京：中央文献出版社，2019.

[21]习近平.论坚持人与自然和谐共生[M].北京：中央文献出版社，2022.

[22]习近平.高举中国特色社会主义伟大旗帜 为全面建设社会主义现代化国家而团结奋斗——在中国共产党第二十次全国代表大会上的报告[M].北京：人民出版社，2022.

[23]习近平谈治国理政(第一卷)[M].北京：外文出版社，2014.

[24]习近平谈治国理政(第二卷)[M].北京：外文出版社，2017.

[25]习近平谈治国理政(第三卷)[M].北京：外文出版社，2020.

[26]习近平谈治国理政(第四卷)[M].北京：外文出版社，2022.

[27]习近平总书记系列重要讲话读本[M].北京：学习出版社、人民出版社，2014.

[28]习近平生态文明思想学习纲要[M].北京：学习出版社、人民出版社，2022.

[29]中华人民共和国国民经济和社会发展第十三个五年规划纲要[M].北京：人民出版社，2016.

[30]中华人民共和国国民经济和社会发展第十四个五年规划和2035年远景目标纲要[M].北京：人民出版社，2021.

[31]全国主体功能区规划[M].北京：人民出版社，2015.

[32]全国海洋主体功能区规划[M].北京：人民出版社，2015.

[33]"十三五"生态环境保护规划[M].北京：人民出版社，2016.

[34]中华人民共和国国务院新闻办公室.中国交通的可持续发展[M].北京：人民出版社，2020.

[35]中华人民共和国国务院新闻办公室.中国的生物多样性保护

［M］. 北京：人民出版社，2021.

［36］中共中央文献研究室. 科学发展观重要论述摘编［M］. 北京：中央文献出版社，党建文物出版社，2008.

［37］中共中央文献研究室. 习近平关于社会主义生态文明建设论述摘编［M］. 北京：中央文献出版社，2017.

［38］中共中央文献研究室. 三中全会以来重要文献选编（上）［M］. 北京：人民出版社，1982.

［39］中共中央文献研究室. 三中全会以来重要文献选编（下）［M］. 北京：人民出版社，1982.

［40］中共中央文献研究室. 十四大以来重要文献选编（上）［M］. 北京：人民出版社，1996.

［41］中共中央文献研究室. 十四大以来重要文献选编（中）［M］. 北京：人民出版社，1997.

［42］中共中央文献研究室. 十四大以来重要文献选编（下）［M］. 北京：人民出版社，1999.

［43］中共中央文献研究室. 十五大以来重要文献选编（上）［M］. 北京：人民出版社，2000.

［44］中共中央文献研究室. 十五大以来重要文献选编（中）［M］. 北京：人民出版社，2001.

［45］中共中央文献研究室. 十五大以来重要文献选编（下）［M］. 北京：人民出版社，2003.

［46］中共中央文献研究室. 十六大以来重要文献选编（上）［M］. 北京：中央文献出版社，2005.

［47］中共中央文献研究室. 十六大以来重要文献选编（中）［M］. 北京：中央文献出版社，2006.

［48］中共中央文献研究室. 十六大以来重要文献选编（下）［M］.

北京：中央文献出版社，2008.

[49]中共中央文献研究室．十七大以来重要文献选编（上）[M].北京：中央文献出版社，2009.

[50]中共中央文献研究室．十七大以来重要文献选编（中）[M].北京：中央文献出版社，2011.

[51]中共中央文献研究室．十七大以来重要文献选编（下）[M].北京：中央文献出版社，2013.

[52]中共中央文献研究室．十八大以来重要文献选编（上）[M].北京：中央文献出版社，2014.

[53]中共中央文献研究室．十八大以来重要文献选编（中）[M].北京：中央文献出版社，2016.

[54]中共中央党史和文献研究院．十八大以来重要文献选编（下）[M].北京：中央文献出版社，2018.

[55]中共中央党史和文献研究院．十九大以来重要文献选编（上）[M].北京：人民出版社，2019.

[56]中共中央党史和文献研究院．十九大以来重要文献选编（中）[M].北京：人民出版社，2021.

[57]中共中央关于坚持和完善中国特色社会主义制度 推进国家治理体系和治理能力现代化若干重大问题的决定[N].人民日报，2019-11-06(1).

[58]关于推动城乡建设绿色发展的意见[N].人民日报，2021-10-22(1).

[59]中共中央，国务院．关于全面加强生态环境保护坚决打好污染防治攻坚战的意见[J].中华人民共和国国务院公报，2018(19).

[60]国家新型城镇化规划（2014-2020）[J].中华人民共和国国务院公报，2014(9).